Asım Kaygusuz

İletim hatlarında yıldırım aşırı gerilimlerinin analizi

Asım Kaygusuz

İletim hatlarında yıldırım aşırı gerilimlerinin analizi

Türkiye Alim Kitapları

Impressum / Yayınevi adı
Bibliografische Information der Deutschen Nationalbibliothek: Die Deutsche Nationalbibliothek verzeichnet diese Publikation in der Deutschen Nationalbibliografie; detaillierte bibliografische Daten sind im Internet über http://dnb.d-nb.de abrufbar.

Deutsche Nationalbibliothek tarafından yayınlanan bibliyografik bilgiler: Deutsche Nationalbibliothek, bu yayını Deutsche Nationalbibliografie'de listeler; detaylı bibliyografik bilgi İnternet'te http://dnb.d-nb.de sitesinde mevcuttur.

Coverbild / Kitap kapağı resmi: www.ingimage.com

Verlag / Yayıncı:
Türkiye Alim Kitapları
ist ein Imprint der / yayınevinin bir ticari markasıdır
OmniScriptum GmbH & Co. KG
Heinrich-Böcking-Str. 6-8, 66121 Saarbrücken, Deutschland / Almanya
Email / E-posta: info@turkiye-alim-kitaplary.com

Herstellung: siehe letzte Seite /
Basım yeri: son sayfaya bakın
ISBN: 978-3-639-67264-0

Zugl. / Approved by: Elazığ, Fırat Üniversitesi, 2003 (Doktora Tezi)

İÇİNDEKİLER

SİMGELER LİSTESİ

A	: Amper
A	: Demet iletkenin yarıçapı
A,B,C,D	: Matris sabitleri
C	: Kapasite
c	: Işık hızı, (300 m/μs)
D_{ij}	: *i.* iletken ve *j.* iletkenin görüntüsü arasındaki mesafe, m
D_{si}	: *i.* iletkenin GMR'si, m
d	: Mesafe, m
d_{ij}	: *i.* ve *j.* iletken arasındaki mesafe, m
E	: Kuplaj Katsayı Matrisi, $E=AC^{-1}$
G	: İletkenlik
H	: Henry
H_i	: *i.* iletkenin yere göre yüksekliği, m
Hz	: Hertz
f	: Frekans, Hz
I, i	: Akım, A
L	: İndüktans
l	: Uzunluk, m
m	: Metre
N	: Destedeki iletken sayısı
n	: Nano(10^{-9})
p	: Kompleks derinlik
P	: Potansiyel-katsayı matrisi
p	: Türev operatörü (d/dt)
r	: Yarıçap
R	: Direnç, Ω

s : Saniye

s : Kompeks frekans ($s=j\omega$)

T, T_z, T_y : Dönüşüm matrisi

t : Zaman, s

v : Gerilim, V

V_S : Gönderilen uç gerilimi, V

V_R : Alınan uç gerilimi, V

V_L : Yük gerilimi, V

x : Uzunluk, km

Y : Admitans, ℧

Z : Empedans, Ω

Z_f : Direğin toprak direnci

Z_S : Kaynak empedansı, Ω

Z_0 : Karakteristik empedans, Ω

ε_0 : Boşluğun elektrik geçirgenliği(8.854×10^{-12}), F m^{-1}

γ : Yayılım sabiti

λ : Özdeğer

μ_0 : Boşluğun manyetik geçirgenliği($4\pi\times10^{-7}$), H m^{-1}

μ : Mikro(10^{-6})

ρ : Yansıma sabiti

π : 3,1415926536

Ω : Ohm

℧ : Mho

σ : İletkenlik, ℧ m^{-1}

ω : Açısal frekans, rad s^{-1}

ÖNSÖZ

Enerji sürekliliği açısından yeterli bir korumanın sağlanması ve ekonomik izolasyon koordinasyonu için, enerji iletim sistemlerine yıldırım düşmesi durumunda meydana gelen aşırı gerilimlerin bilinmesi gerekir. Bu çalışmada, enerji iletim sistemlerinde yıldırım düşmesi nedeniyle oluşan aşırı gerilimler *s*-domeni formülasyonu kullanılarak analiz edilmiştir. Frekans-zaman bölgesi dönüşümü için FILT (Fast Inverse Laplace Transform) kullanılmıştır. Elektrik direkleri ile toprak ve faz iletkenlerine yıldırım düşmesi durumları için sistem cevabı incelenmiştir. Elektrik direkleri uniform olmayan hatlar olarak modellenmiş, faz iletkenlerinin frekans bağımlı etkisi dahil edilmiştir. Üzerine toprak iletkeni bağlı bulunan direğe yıldırım düşmesi durumunda, çözümü kolaylaştırmak için Kuplaj Katsayı Matrisi (KKM) kavramı geliştirilmiş ve bu kavram kullanılarak yıldırımın düştüğü noktadaki toplam admitans ifadesi bulunmuştur. Burada verilen yöntemle, direğin tepe veya herhangi bir noktasındaki gerilim ve akım, fazlarda indüklenen gerilim, izolatörler üzerindeki gerilim, toprak iletkeni üzerindeki gerilim ve akım değerlerinden istenen büyüklükler hesaplanabilmektedir.

Teorik çalışmalar temel alınarak MATLAB'da SDTAP programı hazırlanmıştır. Hazırlanan programı tanıtmak için çeşitli örnekler üzerinde çalışılmıştır. Elde edilen sonuçların bir bölümü EMTP (Electromagnetic Transients Program) ile elde edilen sonuçlarla karşılaştırılmış ve sonuçların uyumlu olduğu tespit edilmiştir. Toprak iletkeni ve faz iletkenleri arasındaki manyetik indüklenme ile bulunan sonuçlar ile genelleştirilmiş durum olan KKM ile elde edilen sonuçların büyük oranda uygunluğu görülmüştür. Ayrıca EMTP için giriş bilgilerini direklerin yıldırım dalgası analizi için hazırlayan ve kullanıcıya kolaylık sağlayan MATLAB paket programı kullanılarak EMTPMAT programı yazılmıştır. Burada yer alan yöntemle, iletim hatlarının frekans bağımlı parametreleri analize doğrudan dahil edilmekte ve hatların uniform olmayan yapısı da modele eklenebilmektedir.

Özetle bu kitapta, yıldırım düşmesi durumunda elektrik enerjisi kesintilerinin önüne geçilebilmek için, meydana gelen aşırı gerilim değerinin hesaplanması ve buna bağlı olarak uygun ızolatör seçımı yapılması konusunda bilgiler sunulmuştur.

TEŞEKKÜR

Bu çalışmanın hazırlanmasında desteklerini sağlayan Prof. Dr. M. Salih Mamiş ve Prof. Dr. Erhan Akın'a teşekkür ederim. Makale, kitap ve yayın desteklerinden dolayı da ayrıca teşekkür ederim.

Çalışmalarım süresince büyük anlayış ve desteklerini gördüğüm Prof. Dr. Mustafa Poyraz, Prof. Dr. Mehmet Cebeci, Fırat Üniversitesi ve İnönü Üniversitesi Bölüm Elemanlarına da teşekkür ederim.

Son olarak, bu süre içerisinde çalışmalarıma destek olan eşime ve aileme de teşekkür ederim.

1. GİRİŞ

Enerji iletim hatları, elektrik güç sistemlerinin en önemli kısımlarından biridir. Sanayileşme, sosyal ve ekonomik hayattaki gelişmeler, elektrik enerjisi tüketiminde büyümeye yol açmakta ve bu durum iletimde kullanılan gerilim seviyesinin de yükselmesini gerektirmektedir. Gerilim seviyesinin artması, enerji iletimin daha ekonomik olması için gereklidir. Bu nedenle iletim hatlarının gerilimi günümüzde 750 veya 1150 kV seviyesine kadar yükselmiştir. Elektrik enerjisi iletiminin sorunsuz bir biçimde gerçekleşmesi için, izolatör ve yalıtım koordinasyonun sisteme uygun olarak tasarlanması gerekmektedir.

Güç sistemlerinde enerji sürekliliğini engelleyen en önemli faktör yıldırım düşmesi ve arıza gibi geçici olaylardır. Enerji iletim sistemlerinde, elektrik direği, koruma iletkeni veya faz iletkenlerine yıldırım düştüğünde, izolatör üzerindeki gerilimin yükselmesinden dolayı bir atlama meydana gelebilmektedir. Bu durum izolatörlerin kırılmasına, transformatörlerin izolasyonlarının bozulmasına ve enerji kesintisine neden olmaktadır. Ayrıca çevreye yayılan elektromanyetik dalgalar elektronik cihazları etkileyebilmektedir. İletim sistemine yıldırım düştüğünde, direğin faz kolundaki gerilimi ile faz iletkeninde indüklenen gerilim arasındaki fark izolatör dayanma geriliminden büyükse, izolatör zinciri üzerinde atlama olmaması için izolatör seçiminin iyi yapılması gereklidir. Bu nedenle açma-kapama, arıza ve yıldırım düşmesi durumunda meydana gelen aşırı gerilimlerin belirlenmesi için yapılan çalışmalar önemli hale gelmektedir [1-3].

1.1. Geçici Rejimlerin Çözüm Yöntemleri

Yıldırım düşmesi, arıza ve enerji verilmesi ile kesilmesi durumunda meydana gelen aşırı gerilimlerle ilgili çalışmalar "elektromanyetik geçici rejimlerin analizi" başlığı altında toplanmaktadır. Geçici çözümler geçmişte TNA (Transient Network Anayzer) adı verilen analog bilgisayarlar yardımıyla yapılmıştır [4-6]. Yük akışı, kararlılık analizi ve arıza akımını belirlemek için basit iletim hattının toplu parametreli gösterimi kullanılmıştır. Daha sonra bilgisayarların yaygınlaşmasına paralel olarak iletim hatlarının dağınık parametreli modelinden ortaya çıkan kısmi diferansiyel denklemin analitik çözümü ile geçici rejimler etüt edilmiş ve zaman bölgesi [7-11] ile frekans bölgesinde [12-22] çözüm yapan nümerik yöntemler geliştirilmiştir.

1.1.1. Zaman Domeni Yöntemleri

İletim hatlarının geçici rejim analizini zaman domeninde gerçekleştirmek için kullanılan yöntemlerden bir bölümü yürüyen dalga yöntemine dayanmaktadır. Yürüyen dalga yöntemlerinden ikisi grafik yaklaşımı temelinde ele alınmıştır. Bunlardan birincisi Bewley tarafından geliştirilen ve Dalga Hareket Planı (Bewley-Lattice Diagram) olarak isimlendirilen yöntemdir [23]. İkincisi ise Bergeron tarafından geliştirilmiş olan karakteristik metodudur [24].

Bir hat boyunca muhtelif yansıma ve kırılma noktaları varsa, bu durumda yürüyen dalgaların yansıma ve kırılmalarından sonraki şekil ve değerleri, yansıma ve kırılma katsayılarından yararlanılarak Bewley' in Dalga Hareket Planı ile anlık olarak belirlenebilir. Bu yöntemde yürüyen dalganın belirli bir değerinin hat üzerindeki hareketinden yararlanılır. Bewley Dalga Hareket Planı bilgisayarda doğrudan gerçekleştirilemez. Bu yüzden bilgisayarda fiziksel hareket planı yerine, hareket planı yerine geçen ve dallandırılan zaman tablosu (branch time table) kullanılarak her bir düğümdeki yansıyan ve kırılan dalgaların değerleri tutulur. Bu yöntemde hat kayıpları ve frekans bağımlı parametrelerin analize dahil edilmesinde zorluklar vardır.

Geçici rejim analizinde, hat kayıplarının etkisini ve lineer olmayan elemanları da kapsayan toplu parametreleri Dalga Hareket Planı ile incelemek zordur. Bu durumda karakteristik metot olarak isimlendirilen Bergeron'un grafik yöntemi kullanılır. Bergeron'un yöntemi ile geçici rejimdeki akım veya gerilim dalga biçimleri, akım-gerilim diyagramı çizilerek hat üzerinde yayılan dalganın yayılım hızı ve karakteristik empedansı temelinde çözülür. Bergeron'un karakteristik yöntemi dijital bilgisayarlarda nümerik yollarla çözülebilir. Bu yöntemde hat kayıpları her bölümün sonuna bağlanan toplu dirençlerle gösterilir.

Zaman domeninde, yürüyen dalga metodunu kullanan EMTP (Electromagnetic Transients Program) programı ise iletim hatları için karakteristik metodu ile toplu parametreler için trapez (yamuk) kuralını birleştiren Dommel'in çalışması [7] temel alınarak Bonville Power Administration (BPA) tarafından geliştirilmiştir [25]. Bu program elektromanyetik geçici durum analizi için TNA'ya ve daha önce geliştirilmiş olan nümerik yöntemlere göre daha genel bir çözüm sunmaktadır. ATP ve Microtran, EMTP'nin bir versiyonudur. Bu program, iletim hatlarının kalıcı ve zaman-zaman mikro-saniyelerden daha kısa bir zaman süresinde gerçekleşen olaylardan olan anahtarlama, yıldırım dalgası analizi vb gibi geçici durum analizlerinin yapılmasına olanak sağlamakta, dağılmış ve toplu paramatreli devrelerin matematiksel olarak modellenip, bilgisayarda simülasyonunun yapılmasına imkan vermektedir. Çözüm adımlarında ilk olarak hatlar için karakteristik model, toplu parametreler için yamuk kuralından faydalanan sistemin eşdeğer devresi çıkarılır. Daha sonra bu eşdeğer devrenin düğüm denklemleri formüle edilir ve zaman bölgesindeki sistem cevabı bulunur. Hat parametrelerinin frekans bağımlılığı bazı kısıtlamalarla ve zorluklarla birlikte analize dahil edilebilmektedir. Frekans bağımlı model doğrudan yalnızca tek fazlı iletim hattına veya dengeli çok fazlı iletim hatlarına uygulanabilmektedir. Hattın simetrik olmadığı durumlarda ise çözüm için öncelikle farklı frekanslarda özdeğerlerin ve özvektörlerin türetilmesi gereklidir. EMTP iletim hatlarının geçici durum analizi için çok elverişli bir program olmasına karşın, yamuk entegrasyonunda ayrık zaman adımlarının seçimi önemlidir. Aynı zamanda EMTP'de giriş bilgilerinin yazılması oldukça karmaşık olup, özellikle direk modeli gibi düğüm sayısının fazla olduğu durumlarda büyük çaba ve zaman sarf edilmesi gerekir. EMTP'nin zamanla daha da geniş bir çapta uygulama alanı bulması ile birlikte, program gün geçtikçe daha fazla gelişmekte ve kapasitesi artmaktadır [26-32]. Son zamanlarda frekans bağımlı parametrelerin analiz içine dahil edilmesi [26-28,31] ve hesaplama hızını artırma çalışmaları yapılmaktadır [29,30].

Geçici durum analizi için kullanılan zaman domeni çözüm metotlarından birisi de durum uzayı tekniğidir [33-37]. Bu teknikte iletim hattının modeli için toplu parametreli gösterim kullanılır ve durum eşitlikleri formüle edilir. Bu eşitlikler nümerik entegrasyon metotları [33] kullanarak veya analitik olarak [34,36] çözülür. Bu metotta parafudr gibi lineer olmayan elemanları içeren bir sistem, bilgisayar yardımıyla kolayca çözülebildiği gösterilmiştir [33]. Durum denklemlerini nümerik entegrasyon metodu ile açık bir şekilde çözen bir çalışmada açma-kapama işlemleri, toplu parametreli ve kayıplı dağılmış parametreli bir iletim sistemi, durum uzayı tekniği ile bir programla analiz edilmiştir [37]. Bu yöntemde, frekans bağımlı parametreler analize dahil edilmemiştir.

1.1.2. Frekans Domeni Yöntemleri

İletim hatlarının geçici durum analizinde kullanılan yöntemlerden diğer grup dönüşüm yöntemleri olarak da adlandırılan frekans domeni yöntemleridir. Bu yöntemler genel olarak hattın frekans domeninde belirlenen gerilim ve akım denklemlerinin çözülmesi esasına dayanır. Bunun için öncelikle iletim hattının uç denklemleri yazılır. Bu denklemlerde karakteristik empedans Z_0 ve dalga yayılım sabiti γ'nın hesaplanması önemlidir. Frekans domeninde çok fazlı iletim hatlarının analizinde, kuplajlığı yok etmek için modal dönüşüm tekniği kullanılır. Frekans domeninde modellenen sistemde, istenen büyüklükler matematiksel olarak hesaplanır ve frekans domeninden, zaman domenine dönüşüm için Laplace veya Fourier dönüşüm yöntemleri kullanılır. İletim hattının bazı parametreleri frekans bağımlı olduğundan, dönüşüm yöntemleri kullanılarak iletim hatlarının geçici durumu analiz edilirse, frekans bağımlı parametreler doğrudan çözüme dahil edilmesi mümkün olur. $j\omega$ veya s-domeni dönüşüm tekniğinde devrenin herhangi bir noktasındaki geçici durumdaki gerilim veya akım ifadesi çıkartılabilir.

Geçmişten günümüze kadar frekans domani yöntemiyle iletim hatlarının geçici durumunu analiz etmek için birçok çalışma yapılmıştır [12-22,38-47]. Bu çalışmalarda kullanılan dönüşümlerden biri olan Fourier dönüşüm yöntemi, sonsuz bir integralden oluşur ve zaman domenine dönüşüm için herhangi bir ω frekansında bu sonsuz integral sonlu bir toplamla gösterilir. Bu toplama işlemi, $\Delta\omega$ adımıyla en yüksek frekans değerine kadar yürütülür. Eğer doğruluk derecesi yüksek bir çözüm elde etmek istenirse, adım aralığını mümkün olduğu kadar küçük ve en yüksek frekans değerini ise çok büyük seçmek gerekir. Bu da nümerik olarak bilgisayar hesaplama zamanını artıracağından hızlı üssel Fourier dönüşümü kullanılır [14]. Frekans bağımlı dağılmış parametreli iletim hatlarının genelleştirilmiş frekans domeni geçici ve kalıcı durumu için bir program olan FTP, Ametani ve Nagaoka tarafından geliştirilmiştir [15]. Bu program frekans bağımlılığın etkilerini içeren zaman domeni çözümlerinin doğruluğunu tahmin etmek için bir temel olmasına rağmen, uniform olmayan hatlar ve direklerin çözümünü içermemektedir.

Klasik Laplace dönüşümüyle, frekans-zaman dönüşümü bilgisayarda çok zaman aldığından, hesaplamaları hızlandıran nümerik yöntemler geliştirilmiştir. Bunlardan en önemlisi olan Hosono [48] tarafından geliştirilen hızlı ters Laplace dönüşümü (FILT) çok hızlı bir çözüm yöntemi sunmaktadır. Bu yöntemle uniform olmayan iletim hatlarının yıldırım analizi, kısa devre arıza analizi ve uzun iletim hatlarının enerjilenmesi gibi güç sistemlerinin geçici durum çözümlerinde kullanılmıştır [17-21,38-47]. [38,39]'da uniform olmayan tek fazlı iletim hattı modeli kullanılarak frekans domeninde yıldırım analizi yapılmıştır. [40]'da ise kayıplı ve frekans bağımlı elektrik direği uniform olmayan hat modelinde ele alınarak analiz edilmiştir.

Dönüşüm metodu frekans bağımlı parametreleri doğrudan çözüme dahil etmesi nedeniyle gerçek çözüme yakın sonuç verir. Güç sistemlerinde geçici rejimlerin analizi için birçok nümerik yöntem geliştirilmesine rağmen, bu yöntemlerin bir çoğu uniform olmayan hatların modellenmesinde kullanılamamaktadır. Güç sistemlerinde iletkenler ve elektrik direklerinin yerden olan uzaklıklarının değişim göstermesi, hat ve direk parametrelerinin uniform olmamasına yol açmaktadır. Dönüşüm metodu kullanılarak, uniform olmayan hatlar ve direkler analize kolaylıkla dahil edilebilmektedir. Bununla birlikte lineer olmayan elemanların çözüme dahil edilmesi genel olarak zor bir işlemdir.

1.2. Yıldırım Geçici Rejimlerinin Analizi

İletim hatlarında yıldırımların çoğunun elektrik direklerine düşmesinden dolayı, yıldırım geçici rejimlerinin analizi için direğin analize dahil edilmesi gerekir. Literatürde iletim hatlarının yıldırım geçici rejimlerinin analizi, dikey iletken olarak kabul edilen elektrik direklerinin analiziyle başlamıştır. Elektrik tesislerindeki yıldırım aşırı gerilimlerinin analizi için deneysel çalışmalar yapılmış olmasına karşın, deneylerin pahalı ve tekrarlanması zor bir işlem olmalarından dolayı, nümerik yöntemler kullanılarak yapılan bilgisayar simülasyonlarının bu amaç daha elverişli ve yaygın olmasını sağlamıştır. Elektrik direklerinin yıldırım analizi ilk olarak elektromanyetik alan teorisi kullanarak, direğin konik ve silindirik bir şekil temelinde yapılan hesaplama ile türetilen matematiksel modele dayanmaktadır [49,50]. Daha sonra Kawai uzun ve kısa yükseklikteki dikey iletkenler üzerinde deneysel çalışmalar yapmış ve bu çalışmalar sonucunda iletkenin karakteristik empedansı ile dalga yayılım hızı hakkında bazı tespitlerde bulunmuştur [51]. Diğer taraftan Chisholm ve Chow, laboratuar ortamında basit modeller kullanarak iletkenlerin karakteristik empedansı ve yayılım sabiti konusunda çalışmalar yapmıştır [52,53]. Bu çalışmalarında yıldırımın iletkene düşme açısının etkisini de ayrıca incelemişlerdir. Son zamanlarda yapılan çalışmalarda ise diğerlerinden farklı olarak, direğe bağlı koruma iletkeninin etkisi de dahil edilmiş ve bu doğrultuda Ishii ve diğ. tarafından nümerik yöntemlerde kullanılmak üzere direğin çok katlı modeli geliştirmiştir [54,55]. Bu çalışmada ayrıca izolatör üzerindeki geri atlama olayı incelenmiştir [54]. Almeida ve Barros direğin sonlu farklı iletim hattı modelini kullanarak EMTP simülasyonu ile direğin rampa fonksiyonu şeklindeki yıldırım akımına cevabını incelemiştir [56]. Bu çalışmada kullanılan sonlu farklı hat modeli Lizbon Teknik Üniversitesi tarafından geliştirilmiş [57,58] ve yakın bir zamanda MODELS [59] simulasyon dilinin kullanılmasıyla ATP-EMTP ile arabirimlenmiştir [56]. Ishii ve Baba nümerik elektromanyetik alan analizi (NEC2) kullanarak [60] uzun yapıdaki elektrik direğinin yıldırım dalga karakteristiğini ölçmüşlerdir [61-64]. Hara ve Yamamato kayıpsız birçok hattın birleştirilmesiyle oluşturulan direk modelini kullanarak yıldırım analizi yapmışlardır [65]. Daha sonra toprak iletkeninin bağlı olduğu ve olmadığı durumlar için elektrik direğinin frekans domeninde yıldırım analizi yapılmıştır [38,39,43-46].

1.3. Kitabın Amacı ve Yöntemi

Bu çalışmada, iletim hattına yıldırım düşmesi sonucu meydana gelen geçici akım veya gerilimler *s*-domeninde analiz edilmiştir. *s*-domeni ile ilgili [38]'de yapılan çalışmada toprak iletkeni bağlı bir elektrik direğinin yıldırım dalgası analiz edilmiştir. Ancak faz iletkenlerinin etkisi göz önüne alınmamış ve izolatörün yıldırım düşmesi sırasında maruz kaldığı aşırı gerilimler hesaplanmamıştır. İzolatör zincirleri üzerindeki gerilimin doğru olarak hesaplanması için, yıldırım nedeniyle faz iletkenlerinde indüklenen gerilimlerin de hesaplanması gereklidir. Bu çalışmada, toprak iletkenli bir elektrik direğinin faz iletkenlerinin etkisi de dahil edilerek yıldırım dalgası cevabının doğrudan bulunmasını sağlayan bir teknik verilmiştir. Yıldırım düşmesi durumunda, iletim sisteminin empedans formundaki Kuplaj Katsayı Matrisi (KKM) kavramı geliştirilmiştir. Bir iletim sisteminin KKM'sinin hesaplanması ile yıldırım analizinin kolaylıkla yapılabileceği gösterilmiştir. İletim hattının seri parametre matrisi Z, Deri tarafından hatlar için önerilen frekans bağımlı empedans formülleri kullanılarak hesaplanmıştır [66,67]. Hattın admitans matrisi Y ise Maxwell'in potansiyel-sabitleri matrisinden hesaplanmıştır [68]. İletkenlerin geometrileri ve konumlarına göre Z ve Y matrisleri hesaplandıktan sonra, iletim hattının temel denklemlerini çözmek için modal dönüşüm tekniği uygulanarak hattın karakteristik empedans ve yayılım sabitlerini içeren ABCD parametreleri hesaplanmıştır [69]. Bu çalışmada kullanılan Modal dönüşüm matrisleri hem kompleks hem de frekans bağımlıdır. Daha sonra iletim hattının uç denklemleri kullanılarak KKM hattın ABCD parametreleri cinsinden bulunmuştur. Çözüm adımları anlaşılır ve kolay olduğundan, ele alınacak olan yeni bir sistemde faz iletkeni sayısı ve geometrilerinin değişik durumları için hızlı ve kolaylıkla yıldırım analizi yapılabilmektedir.

Bu çalışmada yıldırım düştüğü sırada iletkenler ve izolatörler üzerinde indüklenen gerilim hesaplandığı için, iletim hattının transpoze olmayan durumu kullanılmıştır [46]. İletim hattının parametreleri frekans bağımlı yapıda ele alınmıştır. Sistemdeki iletkenlerin ve elektrik direklerinin yerden olan uzaklıklarının değişiminden kaynaklanan uniform olmayan yapısını [20,70-73] modele dahil etmek için, hat ve direkler uniform olmayan iletim hatları olarak modele eklenmiştir. Aynı zamanda değişik yapıdaki direk modelleri için de analiz yapılmıştır. İstenen büyüklükler frekans domeninde hesaplandıktan sonra, frekans bölgesinden zaman bölgesine geçmek için hızlı ters Laplace dönüşümü kullanılmıştır. Çözüm için MATLAB'da [74] SDTAP (s-Domain Transient Analysis Program) programı geliştirilmiştir.

EMTP'deki giriş bilgilerinin hazırlanmasındaki zorlukları ortadan kaldırmak ve direkleri kolayca modellemek için MATLAB'da yardımcı bir program hazırlanmıştır. EMTPMAT (MATLAB kullanarak EMTP giriş dosyalarını oluşturan program) olarak adlandırılan bu programla iletim hattının geometrisi, direğin modeli, toprak ve faz iletkenlerinin fiziksel özellikleri, yıldırım akımının özelliği vb gibi özellikler dışarıdan verilerek, sonuçta bu özellikteki iletim sisteminin EMTP'de çalışmaya hazır programı çıkışta DOSYA_ADI.DAT olarak alınmaktadır. EMTP'de program yazmak için, önce devre modelinin çizilmesi, düğümlerin numaralandırılması ve düğümlere bağlı elemanların özelliklerinin (karakteristik empedans, yayılım sabiti, uzunluğu vb), program el kitabında yazıldığı düzende bir dosyaya yazılması gerekmektedir. Bu işlem hem zaman alıcı hem de küçük bir hatanın dahi ayıklanmasının zor olmasından dolayı, program dosyasının yanlış yazılmaması gerekir. Yapılan EMTPMAT programı vasıtasıyla, değişik yapıdaki iletim sistemleri yıldırım geçici rejimlerinin analizi için EMTP'de kolaylıkla modellenebilmektedir.

Zaman domeni ve frekans domenindeki sonuçların karşılaştırılması açısından da EMTPMAT programı önemlidir. Frekans domeninde yıldırım analizi yapıldıktan sonra, bunun doğruluğunu test etmek için, kısa bir zaman içinde EMTP ile arabirimlenmiş EMTPMAT programına veriler girilerek EMTP için kullanılacak giriş bilgileri dosyasının hazır hale gelmesi sağlanmaktadır.

Yapılan çalışma sonucunda uniform olmayan hatlar da doğru olarak modellenebilmekte ve frekans bağımlı parametreler doğrudan çözüme dahil edilebilmektedir. Ayrıca faz iletkenleri üzerine düşen yıldırımların da analizi mümkün olmaktadır. Diğer bir taraftan dönüşüm metodu frekans bağımlı parametreleri doğrudan çözüme dahil etmesi nedeniyle, frekans bağımlı direk modelinin programa kolaylıkla adapte edilmesinin mümkün olabileceği düşünülmektedir.

1.4. Kitabın Organizasyonu

Giriş bölümünden sonra gelen 2. Bölümde yıldırım ve iletim hatlarının etkileşimi verilmiştir [75-87]. Yıldırım akımının karakteristiği ve yıldırım akım kaynağı için kullanılan eşdeğer devre modeli verilmiştir. Yıldırımın iletim sisteminde faz iletkenine, toprak iletkensiz direğe, toprak iletkenli direğe ve toprak iletkeninin ortasına düşmesi durumunda meydana gelen aşırı gerilimler yürüyen dalga hareketi temelinde açıklanmıştır.

3. Bölümde, havai iletim hat parametrelerini hesaplanma yöntemleri sunulmuştur. Üç fazlı iletim hatlarının seri empedans ve şönt kapasite değerlerinin hesaplanması için kullanılan formüller verilmiştir. Ayrıca yıldırım analizinde kullanılan iletim hattının dağılmış parametreli modeli ve bu model temel alınarak oluşturulan uniform ve uniform olmayan iletim hattının matematiksel modeli verilmiştir.

4. Bölümde, iletim hatlarının analizinde kullanılan direk modelleri verilmiştir. Direk karakteristiğini inceleme yöntemleri ve bilgisayar analizlerinde kullanılan direk modellerinin karakteristik empedans ve dalga yayılımı hakkında bilgiler sunulmuştur.

5. Bölümde, giriş bölümünde yıldırım analizinde kolaylık sağlayan modal dönüşümü ve simetriden bahsedilmiştir. Frekans domeninde yıldırım analiz için önce basitten başlanarak direğin tepesindeki gerilimin hesaplanması için gerekli

denklemler verilmiştir. Devamında, toprak iletkeni ve faz iletkenleri arasındaki manyetik indüklenme ile elde edilen matematiksel ifadeler verilmiştir. Daha sonra, iki iletkenli durumda analizi genelleştirmekmek için Kuplaj Katsayı Matrisi kavramı önerilmiştir. Kuplaj Katsayı Matrisi kullanılarak dört iletkenli ve iki koruma iletkenine sahip çift devreli sekiz iletkenli olan iletim sistemlerde yıldırım dalgası cevabı bulunmuştur. Ayrıca elektrik direklerinin *s*-domeninde analizi için, direğin herhangi bir noktasındaki gerilimin bulunmasına ait denklemler ve çok katlı direk modelinin *s*-domeninde gösterimi verilmiştir.

6. Bölümde, frekans-zaman domeni dönüşümlerinden olan hızlı ters Laplace ve modifiye edilmiş Fourier dönüşümlerinden bahsedilmiştir.

7. Bölümde, yukarıdaki bölümlerde anlatılan teorik bilgiler ışığında frekans domeninde yıldırım dalgası analizini gerçekleştirmek için hazırlanan SDTAP ve EMTPMAT programları anlatılmıştır.

8. Bölümde, SDTAP programıyla ele alınan örneklerin analiz sonuçları verilmiştir. Önce FILT ve klasik Fourier dönüşümü için elde edilen sonuçların karşılaştırması yapılmıştır. Daha sonra toprak iletkeni ile faz iletkenleri arasındaki indüklenme yoluyla elde edilen analiz sonuçları gösterilmiştir. Genelleştirilmiş durum olan KKM kullanılarak elde edilen sonuçlar verilmiş, daha karmaşık yapıdaki iletim sistemlerinin yıldırım analizi yapılmıştır. Faz iletkenine yıldırım düşmesi durumunda diğer fazlarda ve direğin tepesinde meydana gelen aşırı gerilimler verilmiştir. Ayrıca, uniform olmayan yapının etkisini dahi iyi görmek için bir uygulama yapılmıştır. Elde edilen sonuçlardan bazıları EMTP sonuçlarıyla karşılaştırmış ve konuya ilişkin yorumlar verilmiştir.

2. YILDIRIMIN GÜÇ SİSTEMLERİ ÜZERİNDEKİ ETKİSİ

2.1. Giriş

Yıldırım, bulut ile yeryüzü veya bulutlar arasında elektrostatik yük birikiminin yüksek akım deşarjı olarak tanımlanır. Yıldırımın iletim hatlarına etkisi, ya doğrudan doğruya yıldırım düşmesi veya tesirle elektriklenme biçimindedir. Yıldırımın faz hattına, elektrik direğine veya toprak hattına düşmesi sonucu meydana gelen gerilimlere, doğrudan yıldırım düşmesi sonucu meydana gelen aşırı gerilimler denir. Yıldırım bulutundaki elektrik yükü ile hatta tesirle elektriklenme suretiyle bir yük dalgası meydana geldikten sonra, yıldırımın yüksek gerilim hattının yakınında bir yere düşmesiyle iletim hattında serbest kalan yük dalgasının her iki tarafa doğru hareketiyle meydana gelen aşırı gerilimlere de tesirle elektriklenme suretiyle meydana gelen aşırı gerilimler denir [84].

Yıldırım akımından dolayı meydana gelen aşırı gerilimler esas alınarak yüksek gerilim hatlarının izolasyon seviyeleri belirlenmekte ve izolasyon cihazlarının tasarımı yapılmaktadır. Bir havai hatta yıldırım düşmesi durumunda izolatörler üzerinde elektriksel atlamanın meydana gelmesi, hat üzerine düşen yıldırımın akım şiddetine, iletim hattında kullanılan toprak iletkeni sayısına, toprak ve faz iletkenleri arasındaki uzaklığa, toprak ve faz iletkenlerinin karakteristik empedanslarına ve direğin topraklama direncine bağlıdır [75-87].

Bu bölümde yıldırımlardan dolayı iletim hattında meydana gelen aşırı gerilimler basit yapıda ele alınacaktır. İletim hattına düşen yıldırımların, düştüğü yere göre ayrı olarak değerlendirilmesi gerekir. Örneğin toprak iletkenli bir direğin tepe noktasına düşen yıldırım nedeniyle izolatör üzerinde daha yüksek gerilim meydana gelirken, toprak iletkeninin ortasına yıldırım düşmesi sonucu daha düşük bir gerilim meydana gelmektedir. Yıldırım bir faz iletkenine düşmesi durumunda çok daha yüksek genlikli bir gerilim meydana gelebilmektedir, çünkü yıldırımın toprak iletkeni veya direğe düşmesi durumunda, gerilim dalgası toprak iletkenleri ve direk arasında paylaşılır [84].

2.2. Yıldırım Akımının Karakteristiği

Yıldırım ve iletim hatlarının etkileşimi ile ilgili ilk teorik tanımlamalardan biri 1908 yılında Wagner tarafından verilmiştir [83]. Yıldırım özellikle son altmış yıl içinde, yüksek gerilim tekniği ile uğraşan araştırmacılar tarafından iyice incelenmiştir. Çünkü yıldırım boşalmaları şebeke, santral ve transformatör grubu arızalarının ana nedeni olarak kabul edilmiştir. Günümüzde yüksek gerilim şebekelerinin hızlı gelişimiyle, enerji iletim hatlarının geriliminin çok yüksek seviyelere çıkmasından dolayı araştırmalar devam etmektedir [89,102].

Yıldırım, bulut ile yeryüzü arasında meydana gelen bir elektrik yük akışıdır. Bu yük akışının oluşabilmesi için bulutların elektrikle yüklenmesi ve bulut ile yeryüzü arasında iletken bir ortamın sağlanması gerekir. Şekil 2.1'de görüldüğü gibi, iletim hattının toprak iletkeni negatif yüklü ve bulut tabakasının hatta yakın olan kısmı ise pozitif yüklü olduğunda, havanın yoğunlaşmasıyla bulut ile toprak iletkeni arasında iletken bir ortam meydana gelirse buluttan iletkene doğru bir yıldırım boşalması olur. Bulutların elektrik yükünün nasıl oluştuğu hakkında birçok teori vardır [76-83, 86,87]. Yıldırım ya tabii olarak ya da çok kademeli şekilde yeryüzüne doğru boşalır [99]. Yıldırım boşalmalarının çoğu negatif yöndedir, yani yeryüzünden buluta doğrudur [84]. Yıldırım akımının pozitif veya negatif kutuplu olması mevsimlere göre değişmektedir ve yazın meydana gelen yıldırımların çoğu negatif kutuplu olmasına rağmen [102] kışın pozitif kutuplu olmaktadır [99]. Hat üzerine düşen yıldırımın pozitif veya negatif kutuplu olmasıyla iletim sisteminin fazlarındaki işletme geriliminin o andaki değerine göre de yüksek gerilim izolatörleri üzerinde atlama meydana gelebilmektedir. İletim hattına kışın düşen yıldırım pozitif kutuplu olduğundan, o anda hangi fazın gerilim değeri $-U_{max}$'a yakın ise o fazın izolatöründe atlama olma olasılığı daha yüksektir. Yazın düşen yıldırımlar ise negatif kutuplu olduğundan, gerilimleri pozitif olan fazların izolatörlerinde atlama meydana getirebilir [102].

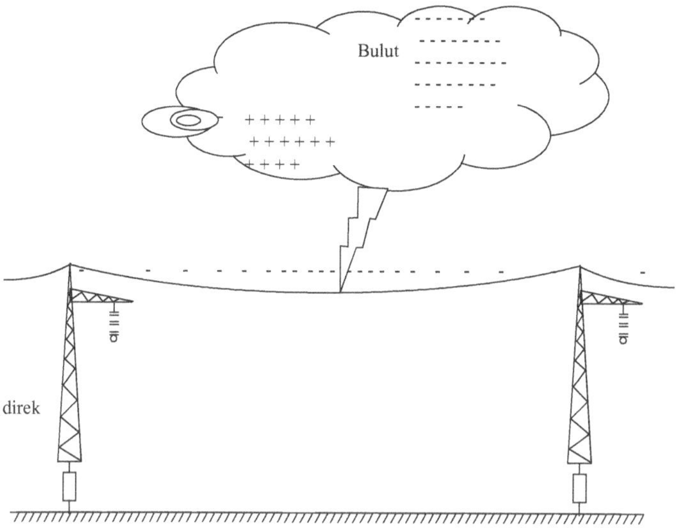

Şekil 2.1 Yıldırımın oluşumu.

Yıldırımın akımının dalga şekli, çift üssel şekline yakın tek yönlü bir darbe fonksiyonuyla gösterilebilir [1,84]. Akımın değeri sıfırdan tepe değerine kadar hızla yükselir ve nispeten yavaş bir seyirle tekrar sıfır değerine düşer. Çift üssel şeklindeki yıldırım akımları için yarı değer süreleri 30 ile 100 μs arasında değişmektedir [84]. Aynı zamanda maksimum değere ulaşma zamanı da çok önemlidir. Bu nedenle standart bir yıldırım akımı için maksimuma ulaşma süresi 1μs ve yarı değer süresi 50 μs olarak alınabilir. Standart olan 1/50 μs'lik bir çift üssel dalganın grafiği Şekil 2.2'de görülmektedir. Eşit genlikli iki üssel azalan dalganın farkıyla gösterilen yıldırım akımı, matematiksel olarak aşağıdaki gibi ifade edilir,

$$i(t) = i(e^{-\alpha t} - e^{-\beta t}). \qquad (2.1)$$

Yıldırım akımı çift üssel dalga şeklinde gösterilmesine karşın, iletim hatlarının analizi için literatürde farklı şekildeki yıldırım akımları da kullanılmaktadır. Örneğin [54]'de yapılan deneysel çalışmada yükselme zamanı 20 ns olan rampa şeklindeki bir yıldırım akım kaynağı kullanılmıştır [54].

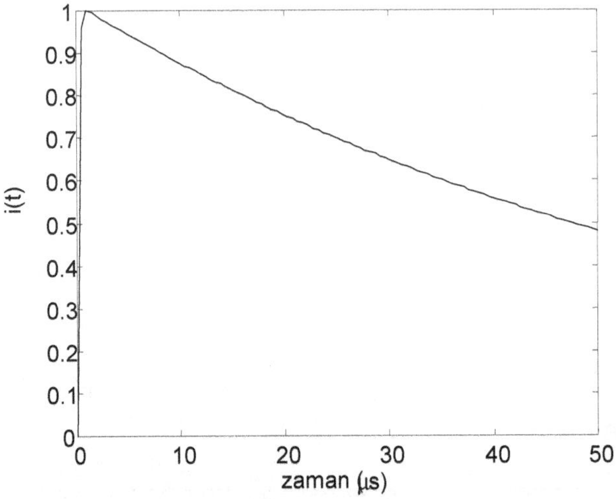

Şekil 2.2 Yıldırım akımının çift üssel dalga şekli.

Yine yapılan diğer deneysel çalışmada 1/70 µs şeklinde rampa fonksiyonlu yıldırım akım kaynağı uygulanmıştır [55]. Yıldırım iletim hattına düştüğünde, çok ani bir şekilde gerilim yükselmesi meydana gelmektedir. Meydana gelen bu gerilimin maksimum değeri yıldırımın bu yükselme zamanıyla ilgili olduğundan, yapılan deneylerle daha kötü şartlara göre izolasyon seviyesini ayarlamak için, yükselme zamanı standart çift üssel yıldırım akımından daha kısa olan akım darbeleri uygulanmaktadır.

Şekil 2.3'te literatürde yıldırım akımı için kullanılan Thévenin eşdeğer devresi görülmektedir. Bu şekilde I_S yıldırım akımı ile ona paralel bağlı olan Z_S yıldırım kanalı empedansı yıldırım akım kaynağını göstermektedir ve yıldırımın düştüğü nesnenin Z empedansına kaynak paralel olarak bağlanmıştır. Yıldırım yolu empedansı Z_S, Bewley tarafından modellenmiş olan yıldırım yolu ile bulunmuştur [23]. Bewley yıldırım nedeniyle amper başına düşen akıdan L indüktansını, elektrik alanlarından faydalanarak C kapasitesini bulmuş ve L ile C'yi kullanarak yıldırım yolu empedansını hesaplamıştır. Literatürde Bewley'in hesaplamalarına göre Z_S, genellikle 400 Ω civarında alınmaktadır. Yıldırım direğin tepesine düştüğünde Z empedansı toprak iletkeni ve direk empedansının paralel bağlantısıyla bulunur.

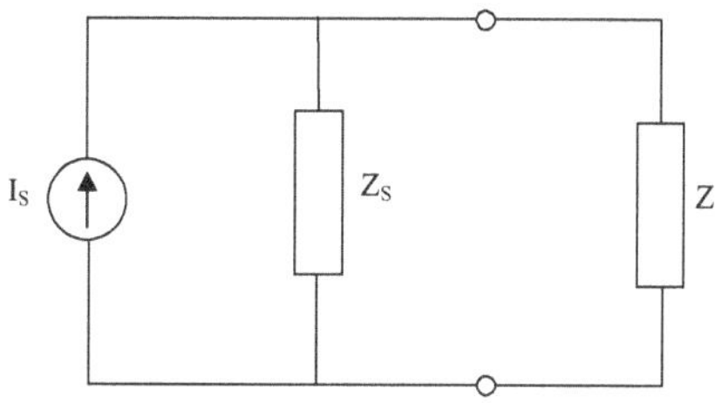

Şekil 2.3 Yıldırım aşırı gerilimini hesaplamak için kullanılan Thévenin eşdeğer devresi.

2.3. Yıldırımın Faz İletkenine Düşmesi Durumu

Bir iletim sisteminde toprak iletkeni bulunmuyorsa, bu durumda faz iletkenine doğrudan yıldırım düşebilir. Bir faz iletkenine yıldırımın düşmesi halinde, düşme noktasından itibaren her iki yönde ilerleyen birer yürüyen dalga meydana gelir. Bu yürüyen dalganın şekli yıldırım boşalmasındaki akımın şekline benzer. Faz iletkenine yıldırım düşmesi durumu Şekil 2.4'te gösterilmiştir.

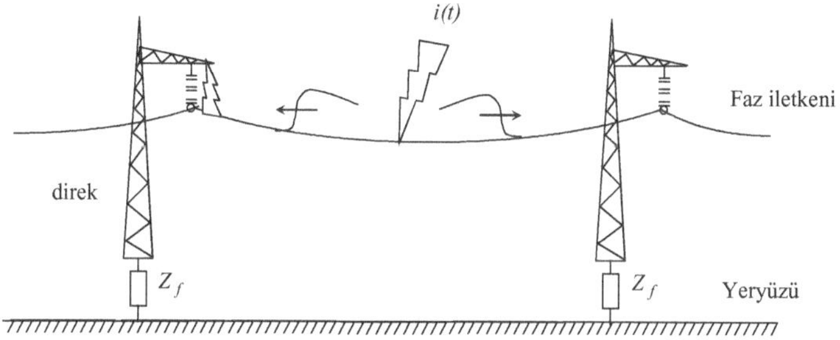

Şekil 2.4 Yıldırımın faz iletkenine düşmesi durumu.

Yıldırım akımının dalga şekli (2.1) denklemindeki gibi verilirse yürüyen dalganın genliği,

$$e(t) = \frac{1}{2} Zi(e^{-\alpha t} - e^{-\beta t}) \qquad (2.2)$$

şeklinde olur. Burada *Z* faz iletkeninin karakteristik empedansıdır. Eğer bu gerilimin tepe değeri izolatör dayanma geriliminden büyükse, ilk direkteki izolatörün üzerinden bir atlama meydana getirir.

2.4. Yıldırımın Toprak İletkeni Bulunmayan Direğe Düşmesi Durumu

Direğe veya toprak iletkenine düşen yıldırımlar, doğrudan faz iletkenine düşen yıldırımlardan daha fazladır. Zararı ise doğrudan faz iletkenine düşmesine nispeten daha azdır. Elektrik direğine doğrudan yıldırım düşmesi durumunda, direğin en alt kısmı ile tepesi arasında bir potansiyel farkı oluşur. Direğe yıldırım düştüğü esnada yürüyen dalgalar direğin temeline doğru yayılır ve izolatörlerin bulunduğu noktalardan geçerken direğin o noktasındaki geriliminin tepe değeri izolatörün dayanma gerilimini aşarsa direkten iletim hattına doğru geri atlama durumu meydana gelir ve arızalara yol açabilir. Yürüyen dalgalar direğin temeline vardığında oradan yansıyarak tekrar yıldırımın düştüğü noktaya gelir ve yansımalar belli bir süre daha zayıflayarak devam eder. Toprak iletkensiz bir elektrik direğine yıldırım düşmesi durumu Şekil 2.5'te gösterilmiştir. Geri atlama söz konusu değilse yıldırım akımı olduğu gibi direkten geçerek toprağa akar.

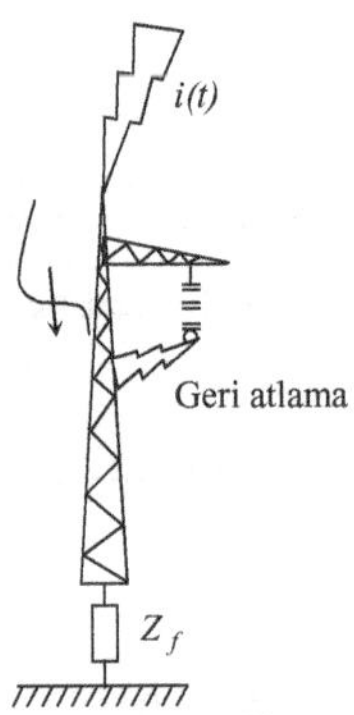

Şekil 2.5 Yıldırımın toprak iletkensiz direğe düşmesi durumu.

2.5. Yıldırımın Toprak İletkenli İletim Sistemine Düşmesi Durumu

Toprak iletkeni olan sistemlerde yıldırımın toprak iletkeninin ortasına ve direğe düşmesi durumu göz önüne alınır. Üzerine toprak iletkeni bağlı bulunan direğe yıldırımın düşmesi durumunda, toprak iletkeni ve fazlar arasındaki ortak endüktanslardan dolayı fazlar üzerinde bir gerilim endüklenir. Bu yüzden toprak iletkenli iletim hatlarının yıldırım analizinde fazlar üzerinde indüklenen gerilimlerin de hesaplara dahil edilmesi gerekir [46,54,55]. Çünkü izolatör üzerindeki gerilim, direğin izolatörün bulunduğu noktadaki gerilimiyle fazda endüklenen gerilimin farkı olmaktadır. Direğin tepesine yıldırım düştüğünde, toprak iletkenleri ve direğin tepesinden temeline doğru yüksek gerilim dalgaları yayılır. Yıldırımın toprak iletkenin ortasına düşmesi durumunda da faz iletkenine yıldırım düşmesi durumunda olduğu gibi, düştüğü noktadan her iki yöne doğru yıldırım akımı bölünecektir. Fakat meydana gelen bu yüksek gerilim faz iletkenine yıldırım düşmesi kadar etkin değildir. Direklerin iyi topraklanması bu zararlı etkilerin azalmasını sağlayacaktır.

2.5.1. Yıldırımın Toprak İletkenine Düşmesi Durumu

Yıldırımın toprak iletkeninin ortasına düşmesi durumu Şekil 2.6'da verilmiştir. Bu durumda, yıldırım akımı her iki yöne doğru bölünerek yayılan dalgalar meydana gelir. Dalgalar en yakınındaki iki komşu direğe vardığında kısmen yansır. Yansıyan dalgalar, direkler arasındaki geçiş zamanının iki katı zaman geçtikten sonra, geri gelir. Direğin tepesinden temeline doğru yıldırım dalgaları giderken izolatörlerin bulunduğu noktadaki gerilim, izolatörün darbe atlama geriliminden yüksekse, izolatörde bir geri atlama olur ve iletim hattının arızalanmasına yol açar. Bu yüzden sistemin tümünün doğru olarak modellenerek geçici durumdaki analizinin yapılması, izolatörler üzerinde meydana gelen gerilimin doğru olarak hesaplanmasını sağlayacaktır. Bu da izolatör seçiminde önemli bir faktör olmaktadır.

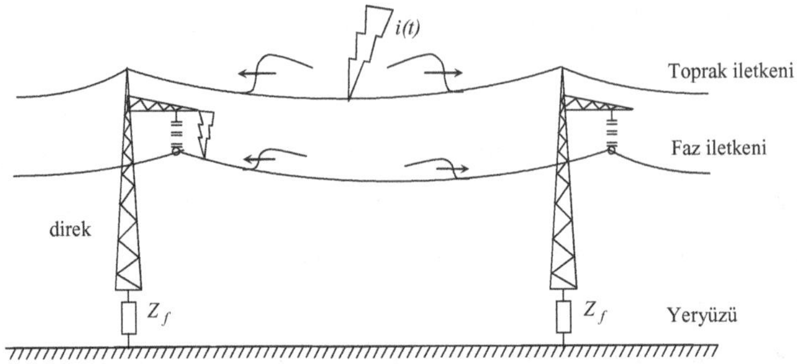

Şekil 2.6 Yıldırımın toprak iletkenine düşmesi durumu.

2.5.2. Yıldırımın Toprak İletkenli Direğin Tepe Noktasına Düşmesi Durumu

Yıldırımın toprak iletkenli bir direğin tepe noktasına düşmesi durumunda, yıldırım akımı direkten ve paralel her iki toprak iletkeninden geçerek gider. Bu durum Şekil 2.7'de verilmiştir. Toprak iletkeninin ortasına yıldırım düşmesi durumundaki izolatör gerilimi ile toprak iletkenli direğin tepe noktasına yıldırım düşmesi durumundaki izolatör gerilimi karşılaştırıldığında, yıldırımın doğrudan direğe düşmesi durumunda izolatörler üzerinde daha yüksek gerilimler meydana gelmektedir. Bu yüzden bu çalışmasında toprak iletkenli direğin tepe noktasına yıldırım düşmesi durumu daha ayrıntılı incelenmiştir. Diğer durumlara benzer olarak direğin temeline doğru giden yıldırım dalgaları izolatörlerin bulunduğu konumlardan geçerken, izolatörün dayanma gerilimi aşılırsa faz iletkenine doğru bir geri atlama olayı meydana gelir ve hattın arızalanmasına yol açabilir.

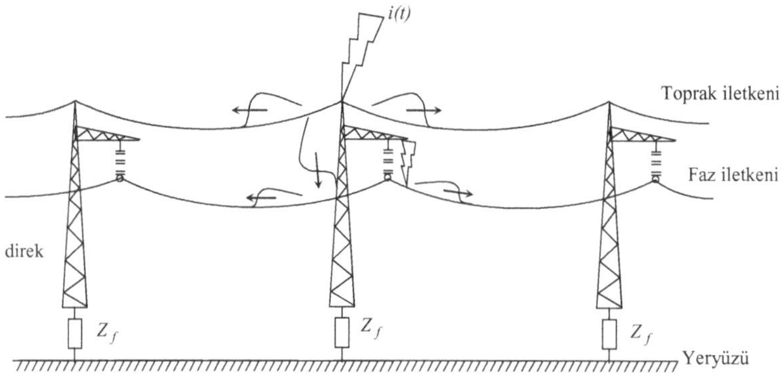

Şekil 2.7 Yıldırımın toprak iletkenli direğin tepe noktasına düşmesi durumu.

2.6. Özet

Bu bölümde yıldırımın iletim hattı üzerindeki etkileri basit dalga yayılım teorisi temelinde verildi. Önce yıldırım akımının karakteristiğinden bahsedildi ve literatürde verilen yıldırım akım kaynağı eşdeğer devresi gösterildi. Faz iletkenine, toprak iletkeni bulunmayan direğe, üzerinde toprak iletkeni bağlı bulunan direğin tepe noktasına ve toprak iletkenine yıldırım düşmesi durumlarında meydana gelen aşırı gerilimler hakkında bilgiler verildi.

3. ÇOK FAZLI İLETİM HATLARININ MODELLENMESİ

3.1. Giriş

Bir güç iletim sistemi, kaynaklar, toplu parametrelerle gösterilen yükler ve dağılmış elektriksel parametrelere sahip iletim hatlarının birleşiminden meydana gelir. İletim hattı ise faz iletkenleri, toprak iletkeni ve direklerinden oluşur. Bu güç iletim sistemini ele alarak üzerinde meydana gelen geçici ve kalıcı durumlarda istenilen büyüklükleri hesaplamak için çeşitli modeller kullanılmaktadır. Kalıcı rejim şebeke frekansında hesaplandığı için, kısa hatlar için bir adet nominal Π devresi ile çözüm yapılabilir. Fakat geçici rejim çok yüksek frekansları içerdiğinden dolayı, hat uzunluğu da göz önüne alınarak çok sayıda nominal Π devresinin birleşiminden oluşan eşdeğer Π devresinin veya hattın dağılmış parametreli modelinin kullanılması gerekir. Durum uzayı gösterimi için iletim hattının toplu parametreli modeli kullanılabilir. İletim hatlarının analizinde genellikle seri RL, nominal Π ve eşdeğer Π gibi toplu parametreli devre modelleri kalıcı durum hesaplamalarında ve geçici kararlılık gibi düşük frekansla sınırlanmış çalışmalarda kullanılmaktadır. Dağılmış parametreli hat modeli ise, yıldırım dalgasının yayıldığı ve anahtarlamadan meydana gelen yüksek gerilim dalgasının bulunduğu hatların yüksek frekanslı elektromanyetik tavrını ölçmek için kullanılmaktadır [37,42,96].

Bu bölümde, iletim hatları için kullanılan dağınık parametreli modeller ele alınacaktır. Hat parametrelerinin hesaplanması için kullanılan mevcut yöntemler ve üç fazlı iletim hatlarının seri empedans ve şönt kapasite değerlerinin hesaplanması için kullanılan formüller verilecektir. Ardından dağılmış parametreli model anlatılacaktır. Uniform olmayan iletim hatlarının modeli, uniform hat modelinden faydalanılarak çıkarılacaktır. Uniform olmayan hat modeline, iletim hattında var olan ve engellenmesi mümkün olmayan sarkan eğimli kısımların değişimi de eklenecektir.

3.2. Hat Parametrelerinin Hesaplanması

İletim hattının direnci R, indüktansı L, iletkenliği G ve kapasitesi C'nin hat üzerinde dağılmıştır. Doğru bir analiz için toprak iletkenliği ve yeryüzünün etkileri de bu parametrelere dahil edilmelidir. Ayrıca faz iletkenlerinin tip ve geometrisi de göz önüne alınmalıdır. Çok fazlı bir iletim hattı için herhangi bir frekanstaki temel denklemi aşağıdaki gibidir;

$$-\frac{dV}{dx} = ZI, \tag{3.1a}$$

$$-\frac{dI}{dx} = YV. \tag{3.1b}$$

Bu eşitliklerde Z seri empedans, Y şönt admitans, V gerilim vektörü ve I akım vektörüdür. İletken sayısı n'ye bağlı olarak Z ve Y matrislerinin boyutu da değişmektedir.

Z matrisini hesaplamak için 1980'lere kadar genellikle Carson'un formülü kullanılırdı [66]. Carson'un formülü kapalı formda çözülemeyen integraller içermektedir. Son zamanlarda bu kapalı formun çözümü geliştirilerek önerilen empedans formüllerinin daha uygun ve yeterli doğruluk derecesine sahip bulunduğu tespit edilmiştir [67]. Bu iki çözüm metodu arasında 100 Hz ve 10 kHz frekans aralığında yaklaşık %10'luk dikkate değer bir fark vardır.

Z matrisindeki köşegen elemanlar Z_{ii} birim uzunluğun seri empedansı ve $Z_{ij}=Z_{ji}$ ise ortak empedansı olmak üzere, çok fazlı bir iletim hattının seri empedans matrisinin elemanları aşağıdaki gibi yazılabilir;

$$Z_{ii} = R_i + \frac{\mu_0}{2\pi} s \ln\frac{2(H_i + p)}{D_{si}} \quad \Omega/m, \tag{3.2}$$

$$Z_{ij} = \frac{\mu_0}{2\pi} s \ln\frac{\sqrt{(H_i + H_j + 2p)^2 + D_{ij}^2}}{\sqrt{(H_i - H_j)^2 + D_{ij}^2}} \quad \Omega/m, \; i \neq j \tag{3.3}$$

ve toprak etkisini içeren kompleks derinlik,

$$p = \frac{1}{\sqrt{s\mu_0\sigma}} \tag{3.4}$$

şeklindedir. Burada:

s : Kompleks frekans ($s = j\omega$).

σ : Toprak iletkenliği, ℧ m^{-1}.

H_i : i. iletkenin yerden yüksekliği, m.

D_{ij} : i. ve j. iletkenler arası yatay uzunluk, m.

D_{si} : i. iletkenin kendi GMR(geometrik ortalama yarıçap)'si, m.

R_i : i. iletkenin direnci, Ω/m,

dır.

Şönt kapasitans matrisini hesaplamak için, öncelikle Maxwell'in P potansiyel-sabitleri matrisinin hesaplanması gerekir [68]. P matrisinin elemanları aşağıdaki gibi bulunur;

$$P_{ii} = \frac{1}{2\pi\varepsilon_0}\ln\frac{2H_i}{r_i} \quad m/F, \tag{3.5}$$

$$P_{ij} = \frac{1}{2\pi\varepsilon_0}\ln\frac{\sqrt{(H_i + H_j)^2 + D_{ij}^2}}{\sqrt{(H_i - H_j)^2 + D_{ij}^2}} \quad m/F, \qquad i \neq j \tag{3.6}$$

burada r_i i. iletkenin yarıçapıdır ve diğer değişkenler ise (3.2) ve (3.3)'de tanımlandığı gibidir. yukarıdaki denklemlerde P'nin frekanstan bağımsız olduğuna dikkat edilmelidir. P bilinirse C matrisi bu matrisin tersinin alınmasıyla bulunur;

$$[C]=[P]^{-1}. \tag{3.7}$$

Daha sonra bulunan bu matris s (veya $j\omega$) ile çarpılarak $Y=sC$ admitans matrisi elde edilir.

İletim hattındaki faz iletkenlerinin demet iletken olması halinde ise, eşdeğer yarıçapı $r_{eşdeğer}$ hesaplamak için aşağıdaki eşitlik kullanılır [68];

$$r_{eşdeğer}=\sqrt[N]{NrA^{N-1}} \tag{3.8}$$

burada:

N : Demetteki iletken sayısı,

r : İletkenlerin yarıçapı,

A : Demedin yarıçapıdır.

Bu eşdeğer yarıçap değeri Z ve Y matrislerinin elemanlarının hesaplanmasında GMR veya yarıçap yerine yazılarak demet halindeki iletkenlerin parametreleri bulunur.

3.3. Üç Fazlı İletim Hatlarının Modeli

Güç sistemlerinde faz iletkenlerinin yanında koruma amaçlı olarak toprak iletkenleri de bulunmaktadır. Korona kayıplarını önlemek için ise demet halinde iletkenler kullanılır. Doğru bir analiz yapmak için sadece faz iletkenleri değil aynı zamanda toprak iletkeni ile beraber, iletkenler arasında ortak kuplaj etkisinin de dikkate alınması gerekir. Matris boyutlarını küçültmek için ise demet iletkenler için kullanılan (3.8) eşitliğinin kullanılmasıyla eşdeğer yarıçap hesaplanarak gerekli düzenlemelerin yapılması gerekmektedir [68]. Üç fazlı iletim sistemi için önce iletim hattının seri empedans ve şönt kapasiteleri hesaplanacaktır. Daha sonra dağılmış parametreli model verilecektir.

3.3.1. Üç Fazlı İletim Hattının Seri Empedansı

İletim hattının seri empedans eşdeğeri, toprak iletkeninin direğe bağlı olduğu durumda toprak iletkeni üzerindeki gerilimin sıfır olmasından dolayı azaltılmış boyutta çıkarılacaktır. Şekil 3.1'de üç fazlı iletim sisteminin seri empedans eşdeğeri görülmektedir.

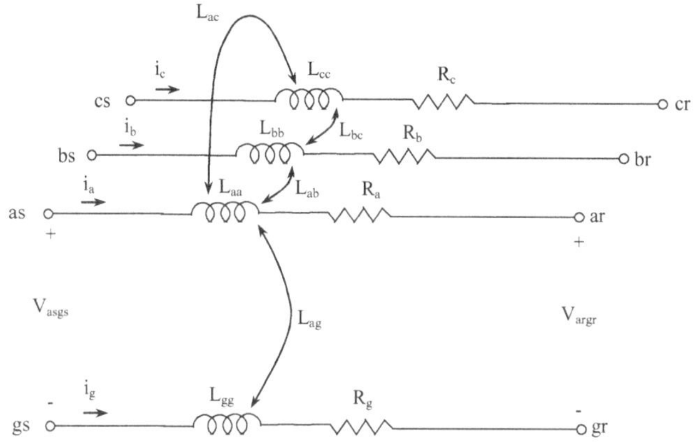

Şekil 3.1 Üç fazlı iletim sisteminin seri empedansı.

Şekil 3.1'in göz önüne alınmasıyla V_{asgs} gerilimi aşağıdaki gibi yazılabilir;

$$V_{asgs} = i_a R_a + L_{aa}\frac{di_a}{dt} + L_{ab}\frac{di_b}{dt} + L_{ac}\frac{di_c}{dt} + L_{ag}\frac{di_g}{dt} + V_{\arg r} + V_{grgs}. \qquad (3.9)$$

Ayrıca toprak üzerindeki gerilim düşümü eşitliği;

$$V_{grgs} = -V_{gsgr} = -i_g R_g - L_{gg}\frac{di_g}{dt} - L_{ag}\frac{di_a}{dt} - L_{bg}\frac{di_b}{dt} - L_{cg}\frac{di_c}{dt}, \qquad (3.10)$$

şeklindedir ve $i_g = -(i_a + i_b + i_c)$'nin yerine yazılmasıyla

$$V_{grgs} = R_g(i_a + i_b + i_c) + (L_{gg} - L_{ag})\frac{di_a}{dt} + (L_{gg} - L_{bg})\frac{di_b}{dt} + (L_{gg} - L_{cg})\frac{di_c}{dt}, \qquad (3.11)$$

eşitliği bulunur ve bu gerilim değeri (3.9)'da yerine yazılırsa aşağıdaki denklemdeki matris formu elde edilir:

$$[V_S] - [V_R] = [R][i] + p[L][i] \qquad (3.12)$$

burada

$$[V_S] = \begin{bmatrix} V_{asgs} \\ V_{bsgs} \\ V_{csgs} \end{bmatrix}, \qquad [V_R] = \begin{bmatrix} V_{\arg r} \\ V_{brgr} \\ V_{crgr} \end{bmatrix},$$

$$[R] = \begin{bmatrix} R_a + R_g & R_g & R_g \\ R_g & R_b + R_g & R_g \\ R_g & R_g & R_c + R_g \end{bmatrix},$$

$$[L] = \begin{bmatrix} L_{aa} + L_{gg} - 2L_{ag} & L_{ab} + L_{gg} - L_{bg} - L_{ag} & L_{ac} + L_{gg} - L_{cg} - L_{ag} \\ L_{ab} + L_{gg} - L_{ag} - L_{bg} & L_{bb} + L_{gg} - 2L_{bg} & L_{bc} + L_{gg} - L_{cg} - L_{bg} \\ L_{ac} + L_{gg} - L_{ag} - L_{cg} & L_{bc} + L_{gg} - L_{bg} - L_{cg} & L_{cc} + L_{gg} - 2L_{cg} \end{bmatrix},$$

dir. Düzgün olarak transpoze edilmiş hat için, $R_a = R_b = R_c$, $L_{ab} = L_{bc} = L_{ca}$ ve $L_{ag} = L_{bg} = L_{cg}$ dir. Aynı zamanda $L_s = L_{aa} + L_{gg} - 2L_{ag}$, $L_m = L_{ab} + L_{gg} - 2L_{ag} = L_s - L_{aa} + L_{ab}$, $R_s = R_a + R_g$ ve $R_m = R_g$ kısaltmalarının kullanılmasıyla yeni direnç ve indüktans matrisleri basit olarak aşağıdaki gibi bulunur;

$$[R] = \begin{bmatrix} R_s & R_m & R_m \\ R_m & R_s & R_m \\ R_m & R_m & R_s \end{bmatrix} \quad \text{ve} \quad [L] = \begin{bmatrix} L_s & L_m & L_m \\ L_m & L_s & L_m \\ L_m & L_m & L_s \end{bmatrix}.$$

Tam transpoze edilmiş iletim hattı için frekans domeninde empedans matrisi $[Z]=[R]+j\omega[L]$'den aşağıdaki gibi yazılır;

$$[Z]=\begin{bmatrix} Z_s & Z_m & Z_m \\ Z_m & Z_s & Z_m \\ Z_m & Z_m & Z_s \end{bmatrix}. \tag{3.13}$$

Burada

$$Z_s=\frac{Z_{aa}+Z_{bb}+Z_{cc}}{3}, \tag{3.14}$$

$$Z_m=\frac{Z_{ab}+Z_{ac}+Z_{bc}}{3}, \tag{3.15}$$

olarak hesaplanır [91].

3.3.2. Üç Fazlı İletim Hattının Şönt Kapasitesi

Üç fazlı iletim hattının şönt kapasiteli eşdeğer modelini çıkarmak için önce fazlar arasındaki ve toprağa bağlanmış varsayılan ortak kapasiteleri göz önüne almak gerekmektedir. Bu durum Şekil 3.2'de gösterilmiştir.

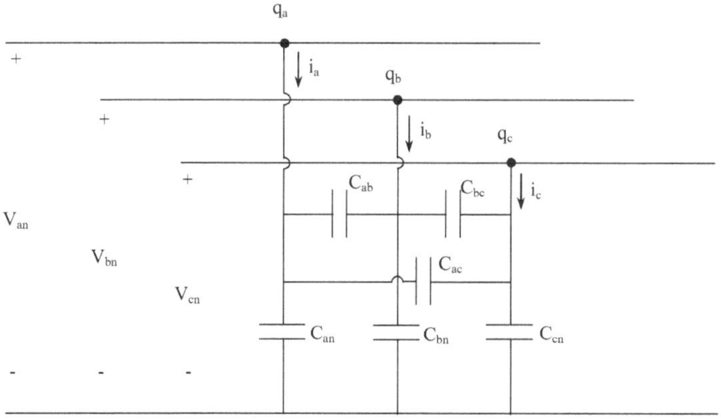

Şekil 3.2 Üç fazlı iletim hattının şönt kapasitesi.

Üç fazlı bir iletim hattı için C kapasitans matrisini hesaplamak için, öncelikle toprak iletkeninin etkisi atılarak potansiyel-sabitleri matrisi elde edilir. Daha sonra bu matrisin tersi alınarak kapasitans matrisi $[C]$ elde edilir. Potansiyel-sabitleri matrisini hesaplamak için gerilimler ve yükler arasında, iletkenlerin geometrik yerleşim planlarına göre, V_{an}, V_{bn} ve V_{cn} gerilimleri yazılırsa;

$$\begin{bmatrix} V_{an} \\ V_{bn} \\ V_{cn} \end{bmatrix} = \frac{1}{2\pi\varepsilon_0} \begin{bmatrix} \ln\frac{2h_a}{r} & \ln\frac{D_{ab'}}{D_{ab}} & \ln\frac{D_{ac'}}{D_{ac}} \\ \ln\frac{D_{a'b}}{D_{ab}} & \ln\frac{2h_b}{r} & \ln\frac{D_{bc'}}{D_{bc}} \\ \ln\frac{D_{a'c}}{D_{ac}} & \ln\frac{D_{b'c}}{D_{bc}} & \ln\frac{2h_b}{r} \end{bmatrix} \begin{bmatrix} q_a \\ q_b \\ q_c \end{bmatrix}, \tag{3.16}$$

potansiyel-sabitleri matrisi elde edilir. Burada $h_{a,b,c}$ iletkenlerin yüksekliklerini, r iletkenin yarıçapını, D_{ab} a ve b iletkenleri arasındaki uzaklığı ve $D_{ab'}$ ise a iletkeni ile b iletkeninin yeryüzünden ayna gibi yansıyan görüntüsü arasındaki uzaklığı göstermektedir. Potansiyel matrisinin tersi alınırsa;

$$\begin{bmatrix} q_a \\ q_b \\ q_c \end{bmatrix} = [P]^{-1} \begin{bmatrix} V_{an} \\ V_{bn} \\ V_{cn} \end{bmatrix} = [C] \begin{bmatrix} V_{an} \\ V_{bn} \\ V_{cn} \end{bmatrix}, \tag{3.17}$$

sonuçta aşağıdaki kapasitans matrisi elde edilir;

$$[C] = \begin{bmatrix} C_{aa} & -C_{ab} & -C_{ac} \\ -C_{ba} & C_{bb} & -C_{bc} \\ -C_{ca} & -C_{cb} & C_{cc} \end{bmatrix}. \tag{3.18}$$

Tam transpoze edilmiş hat için kapasitans matrisi, aşağıdaki gibi indirgenmiş şekilde olur;

$$[C]=\begin{bmatrix} C_s & -C_m & -C_m \\ -C_m & C_s & -C_m \\ -C_m & -C_m & C_s \end{bmatrix}, \qquad (3.19)$$

burada:

$$C_s = \frac{C_{aa}+C_{bb}+C_{cc}}{3}, \qquad (3.20)$$

$$C_m = \frac{C_{ab}+C_{ac}+C_{bc}}{3}, \qquad (3.21)$$

olarak hesaplanır [91].

3.3.3. İletim Hatlarının Dağılmış Parametreli Gösterimi

Yıldırım veya anahtarlamadan meydana gelen kısa süreli gerilim dalgalarının yayıldığı iletim hatlarında, toplu parametreli devre modelleriyle yüksek doğrulukta geçici durum analizi yapılması için toplu parametreli nominal T veya Π devre sayısını çok yüksek almak gerekir. Bu durumda dağılmış parametreli devre modelinin kullanılması daha uygundur. İletim hattında gerçekte olduğu gibi hat boyunca uniform olarak dağılmış olan direnç, indüktans, kapasite ve iletkenlik (R, L, C ve G) parametreleri göz önüne alındığında, hattın tüm uzunluğu yerine Δx diferansiyel uzunluğundaki parametreleri kullanılarak dağılmış parametreli modeli elde edilir. Bu durum Şekil 3.3'te görülmektedir.

Hattın diferansiyel uzunluğundaki akım ve gerilimi arasındaki ilişkisi Şekil 3.3'ten Kirchhoff'un akım ve gerilim kanununa göre aşağıdaki gibi yazılırlar;

$$i(x)-i(x+\Delta x)=(Gv+C\frac{\partial v}{\partial t})\Delta x, \qquad (3.22a)$$

$$v(x)-v(x+\Delta x)=(Ri+L\frac{\partial i}{\partial t})\Delta x. \qquad (3.22b)$$

Δx 'in sonsuz küçük bir eleman olduğu varsayılırsa ($\Delta x \to 0$) yukarıdaki eşitlik;

$$-\frac{\partial i}{\partial x} = Gv + C\frac{\partial v}{\partial t}, \tag{3.23a}$$

$$-\frac{\partial v}{\partial x} = Ri + L\frac{\partial i}{\partial t}, \tag{3.23b}$$

şeklinde olur. Hattın kayıpsız olduğunu ($R = 0$ ve $G = 0$) varsayılıp (3.23) eşitlikleri birbirine oranlanırsa;

$$\frac{\partial v}{\partial i} = \sqrt{\frac{L}{C}}, \tag{3.24}$$

denkleminden kayıpsız hattın karakteristik (surge) empedans ifadesi elde edilmiş olur. Denklem (3.23a) ve (3.23b)'de ∂v ve ∂i ifadeleri yok edilirse;

$$\frac{\partial x}{\partial t} = \frac{1}{\sqrt{LC}}, \tag{3.25}$$

ifadesiyle hat boyunca yayılan akım ve gerilim dalga bileşenlerinin hızı bulunmuş olur.

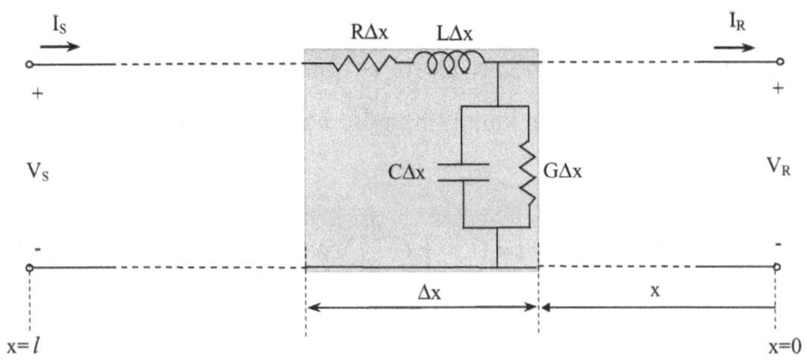

Şekil 3.3 Bir iletim hattının dağılmış parametreli modeli.

(3.23) eşitliğinde v ve i ifadelerinin her ikisi hat boyunca x pozisyonunun ve zamanın fonksiyonudur. İlk şartları göz ardı ederek, aynı eşitliğe zamanda Laplace dönüşümü uygulanırsa aşağıdaki denklemler elde edilir;

$$\frac{dI}{dx} = -(G + sC)V = -YV, \tag{3.26a}$$

$$\frac{dV}{dx} = -(R + sL)I = -ZI. \tag{3.26b}$$

Bu denklemlerin x'e göre ikinci türevini alır, değişkenlerine ayırarak yerine yazılırsa, aşağıdaki ikinci dereceden diferansiyel denklem elde edilir;

$$\frac{d^2 I}{dx^2} = (G + sC)(R + sL)I, \tag{3.27a}$$

$$\frac{d^2 V}{dx^2} = (R + sL)(G + sC)V. \tag{3.27b}$$

Yukarıdaki eşitlikten yayılım sabiti γ;

$$\gamma = \sqrt{(R + sL)(G + sC)}, \tag{3.28}$$

ve karakteristik empedans Z_0;

$$Z_0 = \sqrt{\frac{(R + sL)}{(G + sC)}}, \tag{3.29}$$

şeklinde tanımlanır. (3.27)'deki ikinci dereceden lineer diferansiyel denkleminin V gerilimi ve I akımı için çözümü aşağıdaki üssel formda olduğu gibi düşünülebilir [103];

$$V(x,s)=\underbrace{A_1e^{\gamma x}}_{V_b}+\underbrace{A_2e^{-\gamma x}}_{V_f}, \tag{3.30}$$

$$I(x,s)=\underbrace{\frac{A_1}{Z_0}e^{\gamma x}}_{I_b}-\underbrace{\frac{A_2}{Z_0}e^{-\gamma x}}_{I_f}. \tag{3.31}$$

(3.30) ve (3.31) eşitliklerindeki üssel terimlerden negatif işaretliler ileri doğru giden bileşenleri ve pozitif işaretli olanlar ise yansıyıp gelen bileşenleri, yani f ilerleyen ve b yansıyan dalgaları göstermektedir. A_1 ve A_2 entegral sabitleri sınır koşullarının fonksiyonu olarak hesaplanabilir. Örneğin hat sonundaki şartlar için; $x=0$, $V=V_R$ ve $I=I_R$ alınırsa aşağıdaki eşitlikler elde edilir,

$$V_R=A_1+A_2, \tag{3.32}$$

$$I_R=\frac{1}{Z_0}(A_1-A_2). \tag{3.33}$$

Buradan A_1 ve A_2 aşağıdaki gibi bulunur,

$$A_1=\frac{V_R+I_RZ_0}{2}, \tag{3.34}$$

$$A_2=\frac{V_R-I_RZ_0}{2}. \tag{3.35}$$

Bu değerler (3.30) ve (3.31) eşitliklerinde yerlerine yazılırsa,

$$V(s,x)=\frac{V_R+I_RZ_0}{2}e^{\gamma x}+\frac{V_R-I_RZ_0}{2}e^{-\gamma x}, \tag{3.36}$$

$$I(s,x)=\frac{V_R/Z_0+I_R}{2}e^{\gamma x}-\frac{V_R/Z_0-I_R}{2}e^{-\gamma x}, \tag{3.37}$$

denklemleri elde edilir. Bu denklemleri hiperbolik formda yazmak için (3.36) ve (3.37) eşitlikleri aşağıda gibi yeniden düzenlenirse,

$$V(s,x) = \frac{e^{\gamma x} + e^{-\gamma x}}{2} V_R + \frac{e^{\gamma x} - e^{-\gamma x}}{2} Z_0 I_R, \tag{3.38}$$

$$I(s,x) = \frac{e^{\gamma x} - e^{-\gamma x}}{2} \frac{V_R}{Z_0} + \frac{e^{\gamma x} + e^{-\gamma x}}{2} I_R, \tag{3.39}$$

eşitlikleri bulunur. Burada $\cosh(\gamma x) = \frac{e^{\gamma x} + e^{-\gamma x}}{2}$, $\sinh(\gamma x) = \frac{e^{\gamma x} - e^{-\gamma x}}{2}$ kısaltması ve $x=l$ için hat başı gerilimi $V=V_S$ ve akımı $I=I_S$ yerlerine yazılırsa,

$$V_S = \cosh(\gamma l) V_R + Z_0 \sinh(\gamma l) I_R, \tag{3.40}$$

$$I_S = \frac{\sinh(\gamma l)}{Z_0} V_R + \cosh(\gamma l) I_R, \tag{3.41}$$

denklemleri elde edilir.

3.4. Uniform Olmayan İletim Hattının Matematiksel Modeli

Uniform olmayan iletim hattının matematiksel modelini çıkarmadan önce, uniform iletim hattı modelinin verilmesi gerekmektedir. Çünkü uniform olmayan iletim hattı modeli, uniform iletim hatlarının parça parça birleşiminden oluşturulmaktadır.

3.4.1. Uniform İletim Hattının Uç Denklemleri

Akım ve gerilim dalgalarının yayıldığı bir iletim hattının diferansiyel uzunluğu dikkate alındığında, hattın birim uzunluktaki *R*, *L C* ve *G* parametreleri kullanılarak hattın temel denklemlerinin hiperbolik formdaki çözümü bir önceki bölümde verilmiştir. Bir iletim hattının yapısı uniform kabul edilirse bu durumda Şekil 3.4'te gösterilen uniform hattın uç gerilim ve akımları frekans domeninde matris formunda aşağıdaki gibi verilebilir,

$$\begin{bmatrix} V_S \\ I_S \end{bmatrix} = \begin{bmatrix} \cosh \gamma\ell & Z_0 \sinh \gamma\ell \\ Z_0^{-1} \sinh \gamma\ell & \cosh \gamma\ell \end{bmatrix} \begin{bmatrix} V_R \\ I_R \end{bmatrix}. \tag{3.42}$$

Burada S ve R indisleri, gönderici ve alıcı uçları, ℓ toplam hat uzunluğunu göstermektedir [93]. Z_o uniform hattın kompleks karakteristik empedansını, γ yayılım sabitini göstermektedir ve aşağıdaki gibi tanımlanmıştır;

$$Z_0 = \sqrt{\frac{Z}{Y}}, \tag{3.43a}$$

$$\gamma = \sqrt{ZY}. \tag{3.43b}$$

(3.42) denklemindeki iletim hattının seri parametreleri (R ve L) frekans bağımlı ise seri empedans $Z = R + sL$ şeklindeki frekans bağımlı ifadeyle elde edilir.

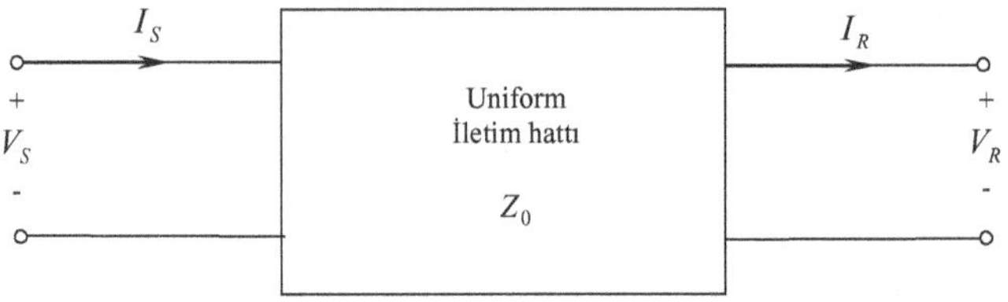

Şekil 3.4 Uniform iletim hattının gösterimi.

3.4.2. Uniform Olmayan İletim Hattının Uç Denklemleri

İletim hatları veya direklerin yere olan uzaklıklarının değişimi hat parametrelerinin uniform olmamasına neden olmaktadır. Uniform olmayan kayıplı bir iletim hattının zincir matris denklemlerindeki ABCD parametreleri [39]'da verilmiştir. Bu denklemler uniform olmayan hattın yapısını karakterize etmek için, eşit uzunluklara bölünmüş uniform hatların kaskat bağlanması benzetimi ile elde edilmiştir. Bu yapı Şekil 3.5'te gösterildiği gibidir. Uniform iletim hatlarının kaskat bağlanmasıyla oluşturulan kayıplı ve frekans bağımlı uniform olmayan iletim hattının yapısı Şekil 3.6'da gösterilmiştir. Böyle bir hattın zincir matris şeklindeki ABCD parametreli denklemi aşağıdaki gibi verilebilir [38]

$$\begin{bmatrix} V_S \\ I_S \end{bmatrix} = \begin{bmatrix} A & B \\ C & D \end{bmatrix} \begin{bmatrix} V_R \\ I_R \end{bmatrix}. \quad (3.44)$$

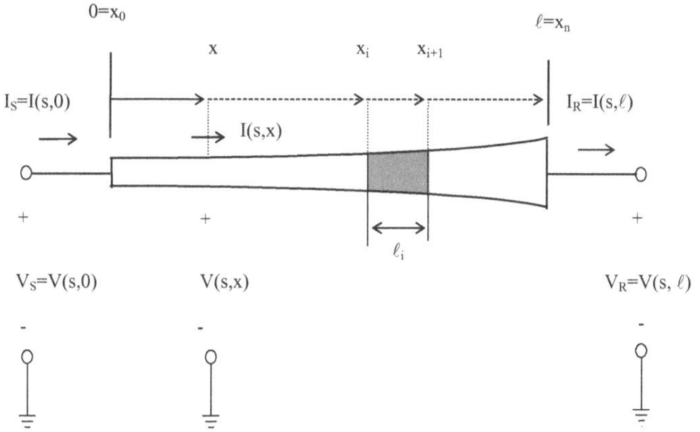

Şekil 3.5 Uniform olmayan hattın terminal akım ve gerilimleri için gösterimi [38].

Hattın uniform olmayan yapısı ele alınırsa bu durumda A,B,C ve D matris sabitleri hattın bölünen her bir parçası için ayrı ayrı yazılır ve sonuç matris

$$H = H_1 H_2 \ldots H_n \quad (3.45)$$

şeklinde olur. Burada

$$H_i = \begin{bmatrix} \cosh \gamma_i \ell_i & Z_{oi} \sinh \gamma_i \ell_i \\ Z_{oi}^{-1} \sinh \gamma_i \ell_i & \cosh \gamma_i \ell_i \end{bmatrix} \quad (3.46)$$

halindedir ve *i.* uniform hat bölümünün uç denklemidir. ℓ_i, $x=x_i$ ve $x=x_{i+1}$ arasındaki bölümün uzunluğu ve *n* ise uniform olmayan hattı göstermek için kullanılan uniform hat parçalarının sayısıdır. *i.* bölümün seri empedansı ve şönt admitansı, $Z_i = R_i + sL_i$ ve $Y_i = G_i + sC_i$ şeklindedir. *i.* bölümün mesafeye bağımlı karakteristik empedansı Z_{oi}, bu bölümün başı ve sonundaki karakteristik empedansların aritmetik ortalamasıdır ve aşağıdaki biçimde ifade edilir:

$$Z_{oi}(s) = \left(Z_o(s, x_i) + Z_o(s, x_{i+1})\right)/2 \tag{3.47}$$

Yayılım sabiti $\gamma_i(s)$ de benzer şekilde hesaplanabilir.

Mesafeye bağımlı karakteristik empedans ve yayılım sabiti, seri empedans *Z(s,x)* ve şönt admitans *Y(s,x)*'nin birim uzunluklarıyla *s*-domeninde aşağıdaki gibi yazılır [71,38]:

$$Z_o(s,x) = \sqrt{Z(s,x)/Y(s,x)}\,, \tag{3.48}$$

$$\gamma(s,x) = \sqrt{Z(s,x)Y(s,x)}\,. \tag{3.49}$$

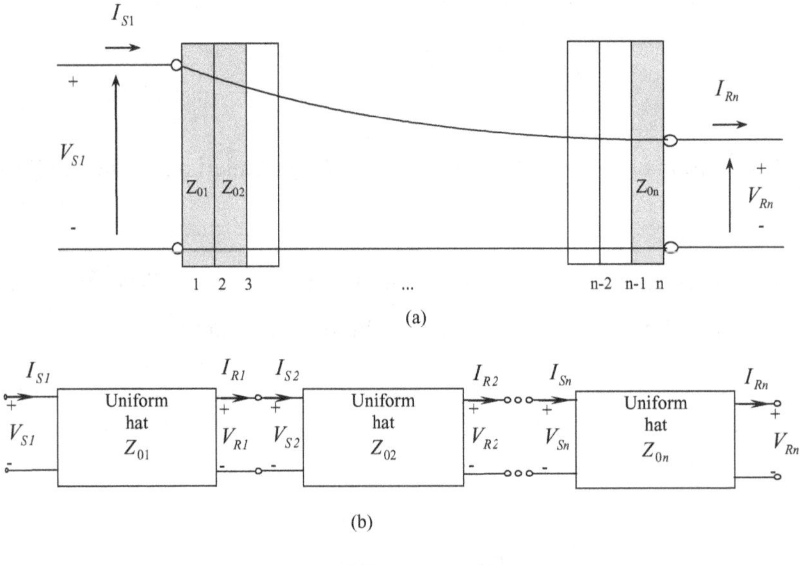

Şekil 3.6 a) Uniform olmayan iletim hattının *n* uniform hat bölmesine ayrılması, b) *n* uniform hat bölmesinin kaskat bağlanmasıyla oluşturulan uniform olmayan iletim hattı yapısı.

3.4.3. Eğimli Hatların Uniform Olmayan Hat Olarak Modellenmesi

Bir iletim hattının seri empedans ve şönt admitansını hesaplamak için kullanılan (3.2) ve (3.5) denklemleri s domeninde basit olarak

$$Z(s) = \frac{\mu_0}{2\pi} s \ln\frac{2h}{r}, \quad \Omega/m \tag{3.50a}$$

$$Y(s) = \frac{2\pi\varepsilon_0 s}{\ln\frac{2h}{r}}, \quad \mho\ \mathrm{m}^{-1} \tag{3.50b}$$

biçiminde yazılır. Burada h iletkenin yüksekliği, r iletkenin yarıçapıdır [93]. . İletim hattının iletkenleri iki direk arasında sarkan eğimli bir şekil oluşturur. (3.50) eşitlikleri yüksek gerilim iletim hatlarının eğimli kısımlarının etkilerini dahil etmek için genelleştirilebilir Bazı özel durumlar hariç, genellikle bu eğimli kısım $y(x) = ax^2$ şeklinde parabolik yapıdadır ve buradaki a [93]'te verilen bir sabittir. Bağıntılarda kullanılan kavramlar Şekil 3.7'de gösterilmiştir. Bu şekle göre $x = d/2$ de $y(x) = h_s$'dir ve burada x iki direğin tam ortasındaki noktadan ölçülen uzunluk ve d ise iki direk arasındaki uzaklıktır. Dolayısıyla buradan a sabiti $a = (2/d)^2$ olarak bulunur ve y aşağıdaki şekilde elde edilir

$$y = 4h_s(x/d)^2. \tag{3.51a}$$

Bu ifade h_m ile toplanarak aşağıdaki eşitlik bulunur

$$h(x) = h_m + y = h_m + 4h_s(x/d)^2. \tag{3.51b}$$

Burada elde edilen $h(x)$ (3.50a) ve (3.50b)'de yerine yazılırsa aşağıdaki genelleştirilmiş hat denklemleri elde edilir:

$$Z(s) = \frac{\mu_0}{2\pi} s \ln\frac{2h_m + 8h_s(x/d)^2}{r}, \Omega/m \tag{3.52a}$$

$$Y(s) = \frac{2\pi\varepsilon_0 s}{\ln \frac{2h_m + 8h_s(x/d)^2}{r}} \;.\; \mho \text{ m}^{-1} \qquad (3.52b)$$

Bu denklemler frekans bağımlı parametrelere sahip eğimli kısımları da içine alan bir iletim hattının seri empedansı ve şönt admitansını hesaplamak için kullanılır. *Z(s)* ve *Y(s)* hesaplandıktan sonra (3.48) ve (3.49)'daki $Z_o(s,x)$ ve $\gamma(s,x)$ ifadeleri bulunabilir.

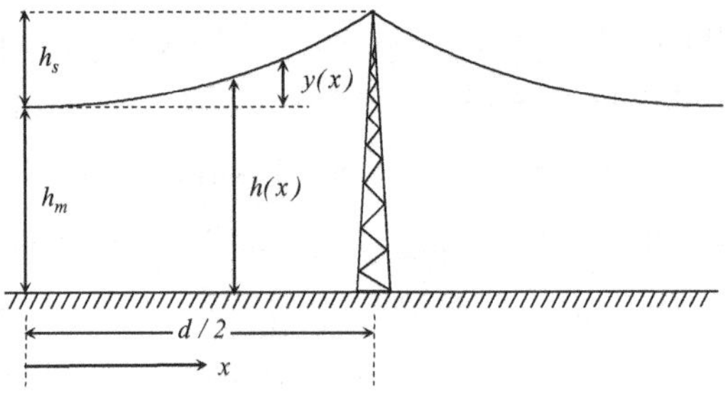

Şekil 3.7 İletim hattındaki eğimli kısımların ayrıntılı gösterimi.

3.5. Özet

Bu bölümde iletim hatlarının parametrelerini hesaplamak için kullanılan mevcut yöntemler verildi ve uniform olmayan iletim hattının modeli, uniform hatların birbirine kaskat bağlantısı olarak varsayıldı. İletim hatlarının analizinde kullanılan modellerden bahsedildi, seri empedans ve şönt admitans matrislerinin hesaplanması için gerekli formüller gösterildi. İletim hatlarına yıldırım düşmesi durumunda geçici durum analizinde dağılmış parametreli model kullanıldığından, iletim hatlarının dağılmış parametreli modeli *s*-domeninde ayrıntılı olarak verildi.

4. ELEKTRİK DİREĞİNİN MODELLENMESİ

4.1. Giriş

Enerji iletim sistemlerinde elektrik kesintilerinin çoğu, yıldırım düşmesi sonucu izolatörlerin kırılması, iletkenlerin kopması ve geri atlama nedeniyle hatların arızalanmasından meydana gelmektedir. Bunun yanında enerji dağıtım sistemleri ve şalt sahalarındaki aygıtlar ile jeneratörler, hatlara ve direklere düşen yıldırımlardan etkilenebilmektedir. Bu nedenlerden ve ekonomik izolasyon koordinasyonu açısından, yıldırım düşmesi sonucunda meydana gelen aşırı gerilimlerin hesaplanması büyük önem taşımaktadır. Yıldırımın faz iletkenlerine düşmesi sık karşılaşılmayan bir durumdur ve yıldırımların çoğu elektrik direklerine düşmektedir [89]. Bu yüzden güç sistemlerinin yıldırım analizi için elektrik direğinin modellenmesi önemli bir faktör olmaktadır. Yıldırım dalgası incelenirken elektrik direği için çeşitli modeller kullanılmaktadır. Bazı uygulamalarda basit hat modelleri kullanılmakla birlikte, daha doğru sonuçlar almak için elektrik direğinin parametreleri yüksekliğe göre değişen uniform olmayan hatlar ile modellenmesi gereklidir [89].

Elektrik direklerinin yıldırım analizi ilk olarak elektromanyetik alan teorisi kullanarak, direğin konik ve silindirik bir şekil temelinde yapılan hesaplama ile türetilen matematiksel modele dayanmaktadır [49,50]. Daha sonra Kawai uzun ve kısa dikey iletkenler üzerinde deneysel çalışmalar yapmış, çalışmaları sonucunda iletkenin karakteristik empedansı ile dalga yayılım hızı hakkında bazı tespitlerde bulunmuştur [51]. Diğer taraftan Chisholm ve Chow laboratuar ortamında basit modeller kullanarak yine iletkenlerin karakteristik empedansı ve yayılım sabiti konusunda çalışmalar yapmıştır [52]. Ayrıca, [53]'de yapılan çalışmada ise yıldırımın iletkene düşme açısının etkisi incelenmiştir. Son zamanlarda yapılan çalışmalarda ise analize, direğe bağlı koruma iletkeninin etkisi de dahil edilmiş ve bu doğrultuda Ishii ve diğ. tarafından nümerik yöntemlerde kullanılmak üzere direk için çok katlı (multistory) bir model geliştirmiştir [54,55]. Almeida ve Barros direğin sonlu farklı iletim hattı modelini kullanarak EMTP simülasyonu ile direğin rampa fonksiyonu şeklindeki yıldırım akımına cevabını incelemiştir [56]. Ishii ve Baba nümerik elektromanyetik alan analizi (NEC2) kullanarak uzun yapıdaki elektrik direğinin yıldırım dalga karakteristiğini ölçmüşlerdir [61]. Daha sonra toprak iletkeninin bağlı olduğu ve olmadığı durumlar için elektrik direğinin frekans domeninde yıldırım analizi yapılmıştır [38,39,43-46].

4.2. Elektrik Direği Karakteristiklerini İnceleme Yöntemleri

İletim hatlarının yıldırım analizinde elektrik direğinin dalga cevap karakteristiği önemli bir yer tutmaktadır. Özellikle uzun yapıda olan çift-devreli UHV direklerinde dalga yayılım zamanının uzun olmasından dolayı karakteristiklerinin incelenmesi daha da önemli olmaktadır. Elektrik direğinin analizi için kullanılan modeller arasında birçok konuda uygunluk olmasına rağmen, kesin bir model mevcut değildir ve direklerin fiziksel yapılarına göre değişik modeller kullanılabilmektedir.

Direğin dalga cevap karakteristiğini inceleme metotları dört kategoride ele alınabilir.

1) Gerçek direkte ölçme.
2) Ölçüleri azaltılmış skalalı modelde ölçme.
3) Basitleştirilmiş geometride analitik çalışma.
4) Elektromanyetik teori temelinde nümerik analiz yapma.

Direkt metot olarak isimlendirilen gerçek direk üzerinde yapılan ölçümler, daha çok Japonya' daki yapılmış olan çalışmaları kapsar [51,54,55]. Bu yöntemde direğin tepesine darbe jeneratörüyle bir step akımı enjekte edilir. Daha sonra gerekli yerlerden istenen değerlerin ölçmeleri alınır. Bu deneyler sırasında ölçme yapmak zordur ve bu tür deneylerin maliyeti yüksektir. Ayrıca tasarım aşamasındaki sistemlerin kurularak bu sistemlerde ölçüm yapılması mümkün değildir. Ek olarak, dikey yıldırım kanalı ve izolatör gerilimi arasındaki birleşik etkiyi değerlendirmek için bir dikey akım yolu telini direğin tepesine kurmak oldukça zahmetlidir.

Ölçüleri azaltılmış skalalı modelde ölçme yapma ise gerçek direkte ölçme metoduna göre daha ekonomiktir ve değişik ayarlamalar için daha esnek olarak inceleme yapmak mümkündür [52]. Özellikle tüm sisteme göre göreceli olan ölçme elemanları geometrik ölçü gerektirdiğinden dolayı deneylerde ölçmenin doğruluğunu tutturmak zordur.

Basitleştirilmiş geometride yapılan analitik çalışmalar teoriktir ve temelleri elektromanyetik alan teorisine dayanan formüllerden oluşur [49,50,52,53]. Olayın nitelik bakımdan anlaşılması için kullanışlıdır. Fakat koni ve silindir gibi iki basit geometrik şekil ile sınırlı analiz yapıldığından, nümerik bir işlem olmaksızın detaylı analiz yapılamaz.

Elektromanyetik teori temelinde nümerik yaklaşımla analiz yapmak ise, diğer metotlardaki değişik zorlukların üstesinden gelecek yeteneğe sahiptir. Fakat bu metotta iletim hatlarının yıldırım analizi yaparken hesaplama sonuçlarının doğrulanması ve gerektiğinde deneysel sonuçlarla karşılaştırılması gerekir. Bunlardan biri olan NEC-2 (Nümerik Elektromanyetik Kod) FORTRAN da bir program yazılarak elde edilmiştir ve frekans domeninde ince tellerin etrafındaki elektromanyetik alan dağılımlarını ele alarak çözüm yapılmıştır [61]. Literatürde nümerik yaklaşımla ilgili çalışmalar yaygın olarak yapılmaktadır [38-47,62-64,94].

4.3. Elektrik Direğinin Bilgisayarla Analizi İçin Kullanılan Modeller

İletim hatlarının bilgisayar destekli analizinde, izolatörler üzerine düşen gerilimlerin doğru olarak hesaplanması için birçok elektrik direği modeli geliştirilmiştir. Yıldırım analizi için önerilen elektrik direği modelleri aşağıda verilmiştir:

a) Kayıpsız birçok hattın birleştirilmesiyle oluşturulan direk modelleri [52,65].

b) Çok katlı direk modeli [54].

c) Uniform olmayan iletim hattı yapısındaki direk modelleri [20,56,71].

d) Frekans bağımlı iletim hattı yapısında direk modelleri [98].

a) Kayıpsız birçok kısa hatların birleşmesiyle oluşturulan elektrik direği modelinde; dikey elemanlar, çapraz elemanlar ve faz iletkenlerinin izolatörlere bağlandığı kollar ayrı olarak modellenmiştir. Her bir bölümün karakteristik empedansı, kendi boyutları ve geometrisinin bir fonksiyonu olarak, direkten bağımsız boyutları azaltılmış skalalı modeller üzerinde birçok deneyler sonucunda bulunmuştur [65]. Ölçülen ve hesaplanan değerlerin uyuşmasına rağmen, bu direk modelinde dikey elemanların karakteristik empedansı başlangıçta düşük değere sahip olmasından dolayı düzeltilmeye ihtiyaç duyar.

b) Çok katlı direk modeli; üst, orta ve alt faz iletkenlerinin bulunduğu kısımlardan bölünen direğin, dört bölmesinin birleşiminden oluşur. Her bir bölüm, kayıpsız bir hat ve bir *R-L* paralel elemanlarından oluşur. Direnç, direkte yayılan dalganın zayıflamasını gösterir ve zaman geçtikçe etkisi azalır. Bu model EMTP ile kolaylıkla arabirimlenebilir ve çok iletkenli iletim sistemlerin analizi için uygundur. Bu modele göre, direğin tepesindeki karakteristik empedans 220 Ω 'dur ve aşağıya doğru inildikçe azalarak direğin en altında 150 Ω olmaktadır. Bu değerler 500 kV çift devreli direkte ölçme yapılarak belirlenmiştir [54,55]. Daha sonra [99]'da toprak iletkenli 275 kV çift devreli direğe tabii yıldırım düşmesi sonucu yapılan ölçmeler sonucunda, [55]'te yapılan ölçmelere benzer sonuçlar elde edilmiştir. Aynı zamanda uzun yapıdaki direklerin analizi için uygun olan bu modelin, diğer kısa yapıdaki iletim direklerinin analizi için uygun olup olmadığı tam olarak açık değildir.

c) Uniform olmayan iletim hattı modelindeki direğin gösteriminde; uniform olmayan iletim hattıyla yürüyen dalganın bozulması ifade edilmektedir [20,56,71]. Qufi ve diğ. [20] karakteristik empedansı üssel olarak değişen direği, kayıpsız bir iletim hattı temelinde altı ve üç katmanla modellemişlerdir. Frekans domeninde analitik bir çözüm olmasına rağmen, üssel bir hattın herhangi bir noktasındaki akım ve gerilim belirlenebilmektedir. Fakat, bu modeli EMTP ile arabirimlemek zordur. Daha sonra Barros ve Almeida frekanstan bağımsız ayrık adımlarla karakteristik empedansı değişen, kayıpsız bir hatta benzeyen bir direk modeli geliştirmişlerdir [56]. Bu çalışmada direk modeli kayıpsız olduğundan, izolatör gerilimleri üst fazda en düşük, alt fazda ise en yüksek gerilim elde edilmiştir. Bu değerler, direğin kayıpsız olarak modellenmesinden dolayı Ishii ve diğ. [54] tarafından yapılan ölçmeyle karşılaştırıldığında ters yöndedir. Nguyen ve diğ. [71] tarafından önerilen direk modeli ise Qufi ve diğ. [20] tarafından önerilen üssel hat modelinin indirgenmiş halidir. Bu modelin [20]'ye göre avantajı EMTP ile arabirimlenebilmesidir. Hesaplanan izolatör gerilimleri üzerindeki kalıntı direk gerilimleri hariç tutulursa, [54]'te yapılan ölçmelerle uyuşmaktadır. Ayrıca burada faz iletkenleri ve direk arasındaki izolatör zincirinin kapasitesi de modele eklenmiştir.

d) Frekans bağımlı hat modelinde elektrik direğinin gösteriminde ise; yürüyen dalganın bozulmasını ifade etmek için frekans bağımlı bir hat modeli kullanılarak yapılır. Nagaoka karakteristik empedansı sabit ve yayılım sabiti frekans bağımlı olan bir uniform hat ile direğin modelini göstermiştir [98]. Bu model EMTP ile arabirimlenebilir. Kato ve diğ. tarafından önerilen elektrik direği modeli ise frekans bağımlı karakteristik empedans ve yayılım sabitine sahip bir uniform hat ile modellenmiştir [100].

4.4. Elektrik Direklerinde Karakteristik Empedans ve Dalga Yayılım Hızı

Bir elektrik direği, iletim hattına benzetilerek dalga yayılımından söz edilirse, bu direğin temel parametreleri, karakteristik empedansı ve yürüyen dalganın yayılım hızı (yürüyen dalganın atenasyon ve deformasyon karakteristikleri) olur. Elektrik direklerinin zayıflama ve deformasyon karakteristikleri, direğin temelinden yansıyıp gelen dalganın en yüksek değerinden sonra dalganın kuyruğuna kadar olan kısmıyla belirlenir.

Şekil 4.1'de görülen geleneksel model olarak da isimlendirilen konik ve silindirik direk modelleri için, yıldırım yolunun dikey ve yatay olması durumundaki ortalama karakteristik empedans ifadeleri aşağıda verilmiştir. Bu ifadelere göre, ölçme altındaki konik bir direk için karakteristik empedans 170 Ω'dur ve dalga yayılım hızı ışık hızına eşittir (300 m/μs). Diğer taraftan Kawai, Japonya'da tasarlanan gerçek direkler üzerinde yaptığı deneylerinde karakteristik empedansın 100-115 Ω aralığında, dalga yayılım hızının 210-240 m/μs aralığında (%70-80 ışık hızında) ve zayıflama sabitini ise 0.8-0.9 aralığında olduğunu ölçmüştür [51]. Chisholm ve diğ. de dalga yayılım hızının azaldığını ölçmelerinde belirlemiştir [52,53]. Şekil 4.2' de ise orta kısmında girinti olan daha uzun yapıdaki direk modeli görülmektedir.

Orta kısmı girintili yapıdaki direk modelinin ortalama karakteristik empedans ifadesi aşağıdaki gibidir [53]

$$Z_{ort} = 60 \ln \cot \frac{1}{2} \tan^{-1}(T). \quad (4.1)$$

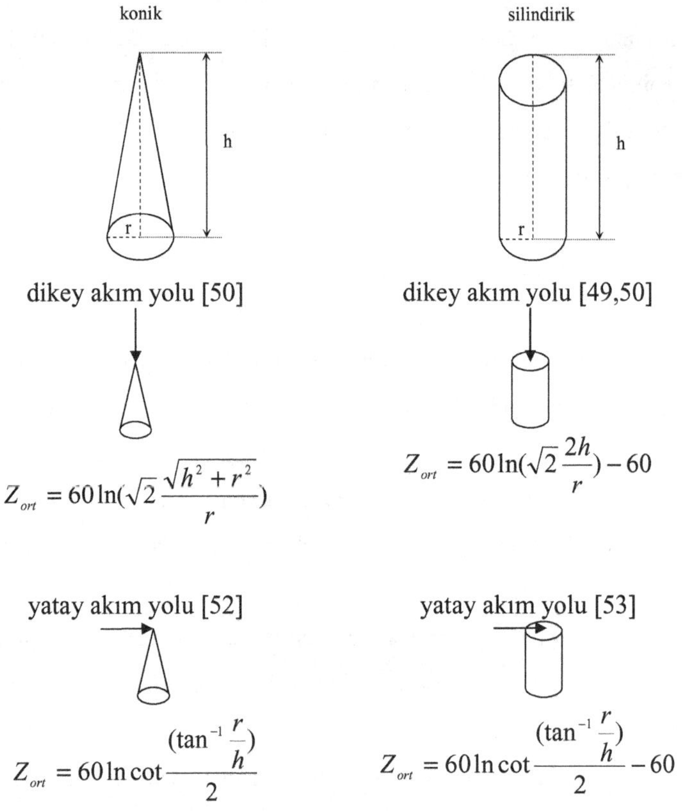

Şekil 4.1 Konik ve silindirik yapıdaki direk modeli ve yıldırım düşme açısına göre karakteristik empedansları.

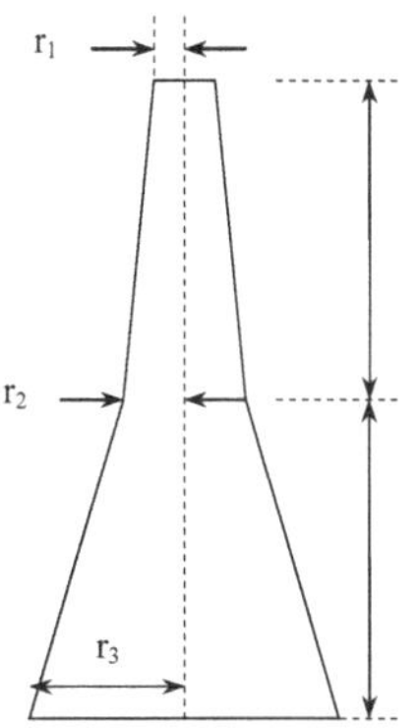

Şekil 4.2 Orta kısmı girintili yapıdaki direk modeli.

Burada $T = \dfrac{r_1 h_2 + r_2(h_1 + h_2) + r_3 h_1}{(h_1 + h_2)^2}$ şeklindedir ve bu eşitlikteki yarıçap ile yükseklikler Şekil 4.2'de gösterildiği gibidir. Son zamanlarda ise IEEE Çalışma Grubu tarafından (4.1) eşitliği aşağıdaki gibi modifiye edilmiştir [81]

$$Z_{ort,IEEE} = \sqrt{\frac{\pi}{4}} 60 \left(\ln \cot \left(\frac{1}{2} \tan^{-1} \frac{R_{avg}}{h_1 + h_2} \right) - \ln \sqrt{2} \right). \quad (4.2)$$

Burada $R_{avg} = \dfrac{r_1 h_2 + r_2(h_1 + h_2) + r_3 h_1}{h_1 + h_2}$ dir ve diğer parametreler Şekil 4.2'deki gibidir.

Daha sonra Ishii ve diğ. tarafından yapılan deneysel çalışma sonucunda, Şekil 4.3'te görülen çok katlı direk modelinin karakteristik empedansları $Z_{T1} = Z_{T2} = Z_{T3} = 220\,\Omega$ ve $Z_{T4} = 150\,\Omega$ olarak belirlenmiştir [64]. Ishii ölçmelerinde dalga yayılım hızını osilogram üzerinde ışık hızına eşit olduğunu gözlemiştir. Şekil 4.3'te direğin her bir bölmesinde dirence paralel bağlanan endüktanslar zayıflama sabitini daha doğru olarak hesaplamak için bağlanmıştır ve bu sabit 0.8 olarak belirlenmiştir.

Hara ve Yamamato [65], dikey iletkenler üzerinde yaptıkları deneylerle, silindirik yapıdaki bir elektrik direği modelinin karakteristik empedans ifadesini [49,50]'den farklı olarak aşağıdaki eşitlikle vermişlerdir

$$Z_{ort} = 60\left(\ln \sqrt{2}\frac{2h}{r} - 2 \right) \tag{4.3}$$

Bu elektrik direği modelinin analizinde de dalga yayılımın ışık hızında olduğu görülmüştür.

Ishii ve Baba nümerik elektromanyetik alan analizi (NEC2) kullanarak uzun yapıdaki Şekil 4.4'te görülen elektrik direğinin eğimli çapraz elemanlar, yatay elemanlar, kollar gibi bölümlerini ayrı ayrı dikkate alarak tam skalalı bir direğin yıldırım dalga karakteristiğini hesaplamışlardır [61]. Direğin her bir bölümünün dalga karakteristiğine ve empedansına etkileri ayrı ayrı incelenmiş ve şu sonuçlara ulaşmışlardır:

1) Temel eleman olan ana bacakların dalga empedansı 186 Ω olarak hesaplanmıştır.
2) Yatay elemanlar karakteristik empedansı yaklaşık %3 azaltmaktadır ve bu durum için ise elde edilen sonuç 180 Ω'dur.
3) Çapraz elemanlar dalga empedansını % 20 civarında azaltmaktadır. Ayrıca bu elemanların kolların sebep olduğu distorsiyonu azalttığı gözlenmiştir. Bu durumda empedans 149 Ω'dur.
4) Kollar osilasyona sebep olurlar. Dalganın geçiş süresini azaltırlar. Ayrıca kapasitans gibi davranırlar. Kollar eklenince dalga empedansı % 5 azalır. Bu durum için elde edilen sonuç 181 Ω'dur.
5) Tüm bölümler bütün olarak düşünüldüğünde ise, deneyde elde edilen sonuçlara çok yakın olduğu görülmüştür. Yatay elemanların etkisi az olduğundan ihmal edilmiştir. Bu çalışmada elde edilen sonuç 126 Ω, deneysel sonuç ise 115 Ω'dur ve arasındaki fark %9'dur.
6) Direğe düşen yıldırımın açıları dikkate alındığında; direğe dik gelen yıldırımda direk empedansı 136 Ω, yatay (180°) açısıyla gelen yıldırımda 124 Ω ve yatay (130°) açıyla gelen yıldırımda ise 115 Ω olarak hesaplanmıştır.

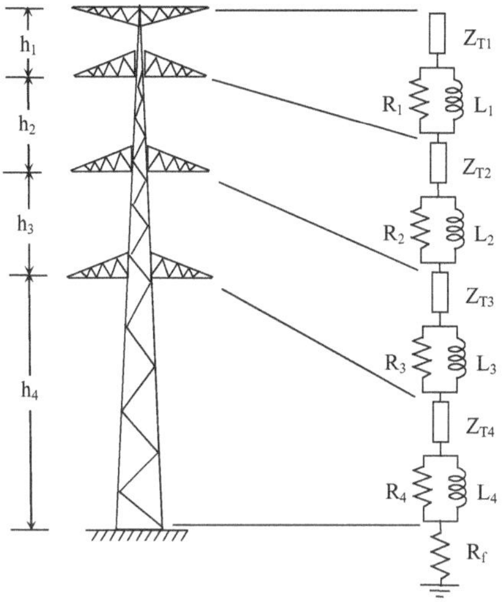

Şekil 4.3 Çok katlı (multistory) direk modeli.

Almeida ve Correia de Barros direği sonlu farklı kayıpsız iletim hattı modeli kullanarak simülasyon yapmışlardır [56]. Burada direğin karakteristik empedansı Ishii'nin deneyinden elde edilen direğin tepe noktasında 220 Ω ve temelinde 150 Ω alınarak ayrık adımlarla değişmektedir ve direk 314 parçalı hat olarak düşünülmüştür. Direkteki dalga yayılımı ışık hızına eşit olarak alınmıştır.

Menemenlis ve Chun yüksek gerilim elektrik direğini uniform olmayan iletim hattına benzeterek modellemişler [72]. Çalışmalarında direğin karakteristik empedansı,

$$Z_C = 50 + 35\sqrt{x}, \tag{4.4}$$

şeklinde ifade edilmiştir. Burada x yer seviyesinden ölçülen yüksekliktir. Direkteki dalga yayılım hızı ışık hızı olarak alınmıştır. Direk modeline kayıpları da dahil etmek için son zamanlarda Mamiş ve Köksal [40] tarafından kayıplı karakteristik empedans ifadesi,

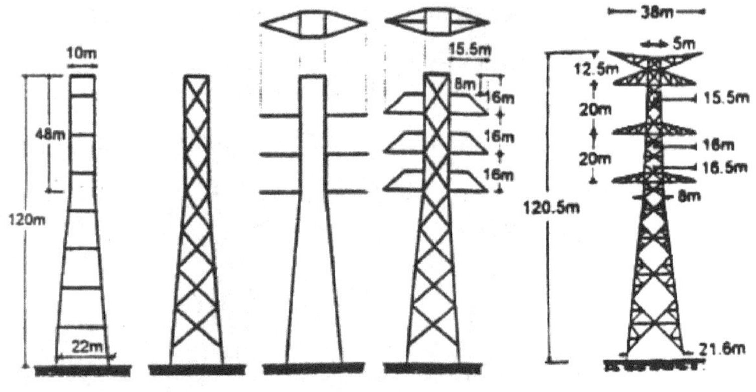

Şekil 4.4 Nümerik olarak [61]'de analiz edilen direğin bölmeleri. (a) Yatay elemanlar, (b) Çapraz elemanlar, (c) Kollar, (d) Tüm Model, (e) Gerçek direk.

$$Z_C = \left(50 + 35\sqrt{x}\right)\sqrt{1 + \frac{\alpha}{s}}, \tag{4.5}$$

olarak verilmiştir. Burada α direğin omik kayıplarını gösteren bir sabittir.

Qufi ve diğ. tarafından önerilen [20] uniform olmayan iletim hattı tipindeki direk modelinin karakteristik empedansının

$$Z_C(x) = Z_0 e^{qx} \tag{4.6}$$

şeklinde değiştiği varsayılmıştır. Burada x yer seviyesinden ölçülen yükseklik, l direğin yüksekliği olmak üzere $q = (1/l)\ln(Z_{üst}/Z_{alt})$ şeklindedir. $Z_{üst}$ ve Z_{alt} Ishii'nin deneyinde elde ettiği direğin tepesindeki karakteristik empedans 220 Ω ve temelindeki karakteristik empedans ise 150 Ω'dur. Burada da dalga yayılım hızı ışık hızı olarak alınmıştır.

4.5. Özet

İletim hatlarının bilgisayar analizi için kullanılan direk modelleri ve direk karakteristiğini inceleme metotları bu bölümde anlatıldı. Direklerin geçmişten günümüze kadar gelen ve kabul görmüş karakteristik empedans formülleri verildi ve direklerdeki dalga yayılım hızından bahsedildi. Kawai tarafından yapılan ilk deneylerde elektrik direğinin dalga yayılımının ışık hızında olmadığını gözlemişse de, son zamanlarda yapılan Ishii'nin deneylerinde direklerdeki dalga yayılımının ışık hızında olduğu ölçüldüğünden, bu çalışmada elektrik direklerindeki dalga yayılımı ışık hızında alındı.

5. İLETİM HATLARININ s-DOMENİNDE YILDIRIM ANALİZİ

5.1. Giriş

Güç sistemlerinin en önemli birimi iletim hatları ve direklerdir. Güç sistemlerinde yıldırım düşmesi nedeniyle oluşan geçici rejimlerin analizinin doğru olarak yapılması için, iletim hattı ve direklerin doğru olarak modellenmesi gerekmektedir. Direk parametreleri yüksekliğe bağlı olarak değişim gösterdiğinden, iletim hatlarının yıldırım analizinde elektrik direği modeli için uniform olmayan iletim hattı yapısı kullanılmalıdır.

Bu bölümde, *s*-domeninde iletim hatlarının yıldırım analizi için kullanılan iletim hattı uç denklemleri ve bunlara ilişkin matematiksel bağıntıları verilmiştir. Öncelikle toprak iletkeni ve faz iletkenleri arasındaki manyetik indüklenme yoluyla elde edilen denklemler verilmiştir. Daha sonra çok fazlı dört iletkenli veya sekiz iletkenli iletim hatlarının analizine kolaylık sağlayacak olan genelleştirilmiş yöntem anlatılmıştır. Toprak iletkenli bir iletim hattına yıldırım düşmesi durumunda, çözümü kolaylaştırmak için Kuplaj Katsayı Matrisi (KKM) kavramı geliştirilmiştir. Üç fazlı dört iletkenli durum için KKM kullanılarak uç denklemleri çıkartılmış ve matematiksel ifadeler bilgisayar programına hazır hale getirilmiştir. Daha sonra ise çift devreli ve sekiz iletkenli iletim hatları için denklemler çıkartılmıştır. Yine aynı tekniğin kullanılmasıyla faz iletkenlerine yıldırım düşmesi durumunda, *s*-domenindeki matematiksel ifadeler verilmiştir. Bölümün sonunda ise elektrik direklerinin *s*-domeninde herhangi bir noktasındaki gerilimin bulunması ve çok katlı direk modelinin frekans domeninde gösterimi için gerekli matematiksel ifadeler çıkarılmıştır.

5.2. Modal Dönüşümlerin İletim Hatlarının Analizinde Kullanılması

Üç fazlı iletim hatlarının parametrelerinde ortak indüktans ve kapasite elemanları bulunmaktadır. Bu parametreler analizde hesaplamaların hem zor, hem de faz akım ve gerilimlerinin bağımsız olarak analizini zorlaştırmaktadır. Bu durumda kuplajlıktan dolayı oluşan etkileri yok etmek için, iletim hatlarının analizinde bir çok avantaja sahip olan modal dönüşüm tekniğinin kullanılması gereklidir [68,18]. Bu çalışmada modal dönüşüm tekniği kullanılarak iletim hattının temel denklemlerinin çözümünde kullanılan yayılım sabiti ve karakteristik empedans değerlerinin hesaplanması için matrisler köşegen hale getirilmiştir. Böylece sadece köşegen elemanların skaler fonksiyonunun alınması ve bazı özel matris işlemlerin uygulanması ile matrislerin fonksiyonunun hesaplanmasına imkan sağlanmıştır. Ayrıca hesaplamalarda cosh(γ) ve sinh(γ) gibi matris fonksiyonlarının bulunması nedeniyle, işlemlerin yapılması oldukça zor ve zahmetlidir. Ancak, modal dönüşümle γ matrisi köşegen hale getirilirse cosh(γ) ve sinh(γ) kolaylıkla hesaplanabilir. Aynı işlemler Z_0'ın hesaplanması için de geçerlidir.

3. Bölümde verilen üç fazlı bir iletim hattının parametreleri kullanılarak Ek-1'de anlatılan modal dönüşümü uygulamak için, köşegen hale getirilecek matrisi T dönüşüm matrisiyle sağdan ve T^{-1} matrisiyle soldan çarparak yeni modal büyüklükler elde edilir. Modal dönüşüm kullanılarak iletim hattının parametreleri ve dolayısıyla uç denklemleri arasındaki kuplajlık yok edilir ve üç fazlı hat, üç ayrı tek fazlı hat haline dönüşerek birbirinden bağımsız olarak analiz edilebilir. Bu işlem bilgisayarla yapılan analizlerde kolaylık sağlar.

5.3 Simetri Yöntemi İle Sistemin Basitleştirilmesi

İletim sistemlerinin yıldırım analizinde sistemin simetrik olduğu durumlar göz önüne alınırsa çözüm aşamasında bazı kolaylıklar sağlanabilir. Bu çalışmada yıldırımın elektrik direğinin tepe noktasına düşmesi durumunda, sistemin simetrik olmasından dolayı aşağıda verilen biçimde hattın sadece bir simetrisi alınarak analiz yapılmıştır. Bu durumu göstermek için, önce tüm iletim sisteminin basit eşdeğer devresi Şekil 5.1'de verilmiştir. Karakteristik empedansı z_0 olan iletim hattının yıldırımın düştüğü direğin tepe noktasına göre simetrik olduğu Şekil 5.1'den görülmektedir. Karakteristik empedansı Z_{0t} olan elektrik direği ile birlikte yıldırım akımı I_S, yıldırım akım yolu empedansı Z_S'de simetrik olan iletim hattına bağlanmıştır. Bu şekildeki Z_f direğin topraklama direncini ifade etmektedir.

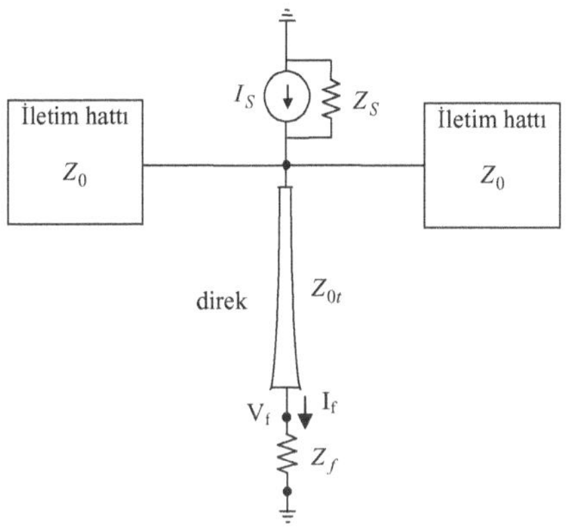

Şekil 5.1 Yıldırımın elektrik direğinin tepe noktasına düşmesi durumunda tüm sistemin eşdeğer devresi.

Şekil 5.1'deki sistem Şekil 5.2'deki gibi tamamen simetrik bir biçime dönüştürülebilir.

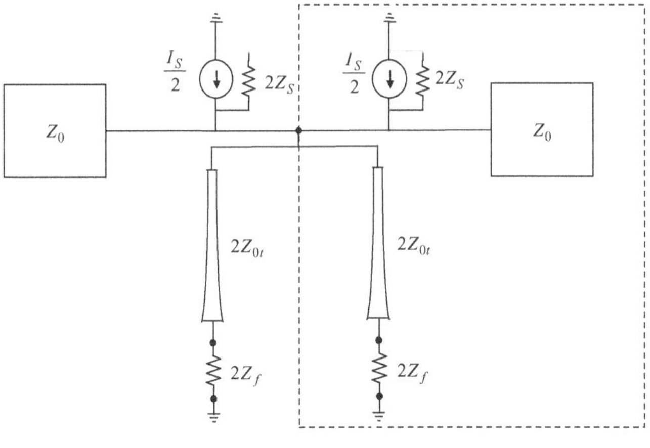

Şekil 5.2 Yıldırımın elektrik direğinin tepe noktasına düşmesi durumunda tüm sistemin iki eşit simetrik parçaya ayrılmasını gösteren eşdeğer devre.

Şekil 5.1'deki sistemin simetriğini oluşturmak için, Şekil 5.2'de görüldüğü gibi yıldırım akım kaynağının değeri yarıya düşürülmüş ve yıldırım akım yolu empedansının değeri de iki katına çıkarılmıştır. Buna benzer olarak, uniform olmayan iletim hattı biçiminde modellenen direğinde, iki simetrik direğe dönüştürülmesi gerekir. Aynı özelliğe sahip iki *abcd* parametreli paralel bir iletim sistemi için uç denklemleri aşağıdaki gibi yazılır [73],

$$\begin{bmatrix} V_S \\ I_S \end{bmatrix} = \begin{bmatrix} \cosh(\gamma) & (Z_0/2)\sinh(\gamma) \\ (2/Z_0)\sinh(\gamma) & \cosh(\gamma) \end{bmatrix} \begin{bmatrix} V_R \\ I_R \end{bmatrix}. \tag{5.1}$$

Böylece Şekil 5.1'deki sistem simetriden faydalanılarak Şekil 5.2'deki biçime dönüştürülmesi için elektrik direği iki ayrı paralel bağlı direk olarak modellenmiş olur ve *abcd* parametreli matrisi,

$$\begin{bmatrix} V_S \\ I_S \end{bmatrix} = \begin{bmatrix} \cosh(\gamma) & 2Z_0\sinh(\gamma) \\ (1/2Z_0)\sinh(\gamma) & \cosh(\gamma) \end{bmatrix} \begin{bmatrix} V_R \\ I_R \end{bmatrix}, \tag{5.2}$$

şeklinde elde edilir. Direğin topraklama direncinin uç denklemleri

$$\begin{bmatrix} V_f \\ I_f \end{bmatrix} = \begin{bmatrix} 1 & 2Z_f \\ 0 & 1 \end{bmatrix} \begin{bmatrix} 0 \\ I_f \end{bmatrix}, \tag{5.3}$$

şeklinde bulunur. Birbirine seri olarak bağlı olan elektrik direği ve topraklama direncinin *abcd* parametrelerini önceden çarpıp iki simetrik sisteme ayrıştırmakla, ayrı ayrı simetrik hale ayrıştırıp sonradan çarpmak birbirinin aynıdır.

Sistemin analizinde diğer bir yolda da, sadece iletim hattını direğin tepe noktasına göre simetriden faydalanarak paralel iletkenler olarak düşünmektir. Dolayısıyla sistemde iletim hattının sol tarafını sağ tarafın üzerine katlayarak, yani paralel bağlanmış gibi düşünülerek sistem Şekil 5.3'deki gibi karakteristik empedansı

$Z_0/2$ olarak alınması ile basitleştirilebilir. Şekil 5.3'de gösterildiği gibi bu durumda sadece iletim hattının karakteristik empedansı değiştirilir ve sistemin geri kalan kısmı aynı bırakılır.

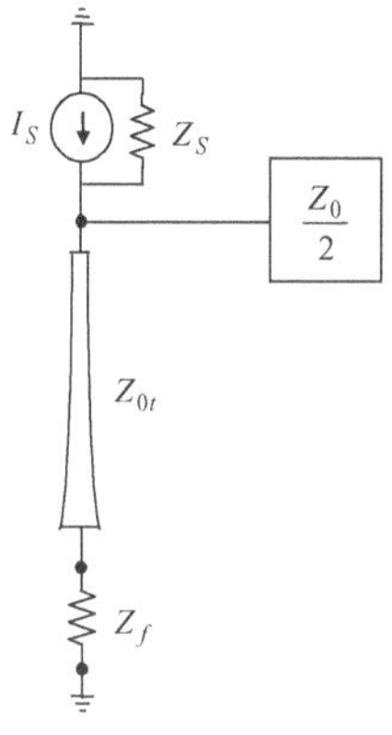

Şekil 5.3 Yıldırımın elektrik direğinin tepe noktasına düşmesi durumunda iletim hattının simetrisinin birleştirilmesiyle oluşturulan eşdeğer devresi.

5.4. İki İletkenli Sistemin Yıldırım Analizi

5.4.1. Toprak İletkeni ve Faz İletkenleri Arasındaki Manyetik İndüklenme İle Yıldırım Analizi

Toprak iletkeni bulunan üç fazlı bir iletim hattında, direğin tepe noktasına yıldırım düşmesi durumunda, toprak iletkeni ile her fazı ayrı ayrı ele alarak parametrelerine ve aralarındaki uzaklıklara göre, manyetik indüklenme yoluyla fazlar üzerinde meydana gelen aşırı gerilimler yaklaşık olarak hesaplanabilir. Örneğin, toprak iletkeni ile en üstteki faz ele alınırsa iki iletkenli bir sistem elde edilmiş olur. Bu durum ve sistemin faz ile modal domenindeki gösterimi Şekil 5.4'te verilmiştir. Direğin tepe noktası gerilimini hesaplamak için Şekil 5.5'deki eşdeğer devre kullanılarak ilk olarak direk tepe noktasından görülen admitans ifadesi hesaplanmıştır. Direğin tepe noktasındaki gerilim ve toprak iletkenindeki akım bulunduktan sonra faz/modal dönüşümü kullanılarak indüklenme yoluyla faz üzerindeki gerilim bulunur.

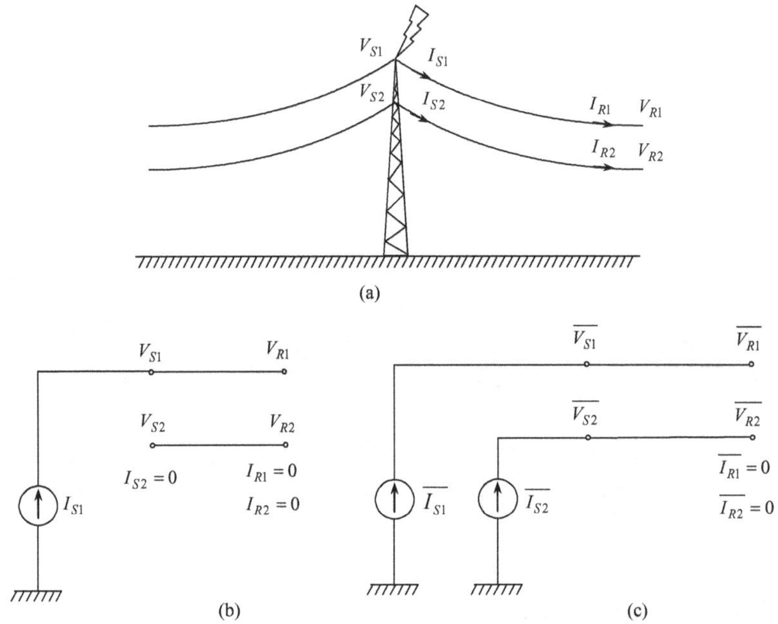

Şekil 5.4 İletim hattının toprak iletkeni ve bir fazı arasındaki ilişki,
a) İki iletkenli sistem,
b) Faz domeni gösterimi,
c) Modal domeni gösterimi.

Elektrik direğinin tepe noktasına yıldırım düşmesi durumunda, direğin her iki yanında bulunan iletim hattı Şekil 5.4a'ya göre birbirinin simetrisidir. Önceki alt bölümde ayrıntılı olarak anlatıldığı gibi, iletim hattının simetrik olması durumunda bu iletkenlerin paralel eşdeğerinin karakteristik empedansı $Z_0/2$ olarak alınır. Şekil 5.5'te elektrik direğinin tepe noktasına yıldırım düşmesi durumunda, toplam admitans ifadesini elde etmek için kullanılan eşdeğer devre verilmiştir. Eşdeğer devre kullanılarak iletim hattının toprak iletkeni için uç denklemi belirli bir s değeri için aşağıdaki biçimde yazılabilir:

$$\begin{bmatrix} V_{S1} \\ I_{S1} \end{bmatrix} = \begin{bmatrix} a_1 & b_1 \\ c_1 & d_1 \end{bmatrix} \begin{bmatrix} V_{R1} \\ I_{R1} \end{bmatrix}. \tag{5.4}$$

Uniform olmayan iletim hattı yapısında tanımlanan direk için ise belirli bir s değeri için uç denklemleri,

$$\begin{bmatrix} V_{S1} \\ I_T \end{bmatrix} = \begin{bmatrix} a_T & b_T \\ c_T & d_T \end{bmatrix} \begin{bmatrix} V_f \\ I_f \end{bmatrix}, \tag{5.5}$$

biçiminde elde edilir. Direğin topraklama direnci üzerindeki akım ifadesi $i_f = V_f / Z_f$ denklem (5.5)'te yerine yazılırsa direk admitansı aşağıdaki gibi bulunur;

$$Y_t(s) = \frac{Z_f c_T + d_T}{Z_f a_T + b_T}. \tag{5.6}$$

Direğin üst noktasında oluşan V_{S1} gerilimi,

$$V_{S1}(s) = \frac{I_S(s)}{Y(s)}, \tag{5.7}$$

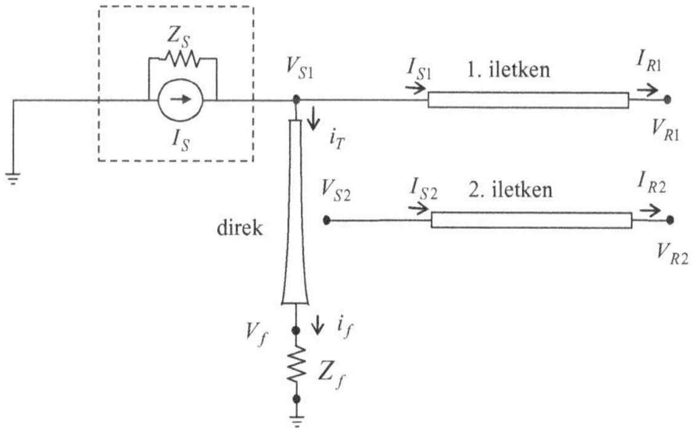

Şekil 5.5 Yıldırımın elektrik direğinin tepe noktasına düşmesi durumu için eşdeğer devre.

şeklinde yazılabilir. Bu denklemde yıldırımın direğe düşmesi durumu için verilen toplam admitans ifadesi,

$$Y(s) = \frac{1}{Z_S} + \frac{c_1}{a_1} + Y_t(s), \tag{5.8}$$

şeklinde bulunur. Toprak iletkeninden geçen I_{S1} akım ifadesi ise,

$$I_{S1} = V_{S1} \frac{c_1}{a_1}, \tag{5.9}$$

olarak elde edilir.

Direğin tepe noktasındaki gerilim elde edildikten sonra diğer fazlarda indüklenen gerilim ifadesini bulmak için modal dönüşüm tekniğinden yararlanılmıştır. Burada amaç yıldırım analizi olduğundan, iletkenler arası uzaklıkların birbirinden farklı olabilmesi, yani hatların transpoze edilmiş durumun göz önüne alınmamasıdır. Dolayısıyla Ek-1'de anlatılan transpoze iletim hatları için kullanılan dönüşüm matrisleri burada kullanılamamaktadır. Ayrıca toprak iletkeni ve diğer fazların yarıçapları ve bu iletkenlerin yerden olan yükseklikleri de değişeceğinden, belirli bir T dönüşüm matrisinden bahsetmek mümkün değildir. Bu yüzden burada kullanılan T dönüşüm matrisi hem kompleks hem de frekans bağımlıdır ve sembolik olarak aşağıdaki gibi verilmiştir,

$$T = \begin{bmatrix} t_{11} & t_{12} \\ t_{21} & t_{22} \end{bmatrix}. \tag{5.10}$$

Frekans domenindeki iletim hattının T modal dönüşüm matrisiyle çarpılmış temel denklemleri yazılırsa;

$$-\frac{d^2TV}{dx^2} = ZYTV, \tag{5.11a}$$

$$-\frac{d^2TI}{dx^2} = YZTI, \tag{5.11b}$$

elde edilir. İki iletkenli sistem için iletim hattının seri empedans matrisi Z ve şönt admitans matrisi Y, Şekil 5.6'dan Bölüm 3'te anlatılan formüllere göre kısaca aşağıdaki gibi elde edilir:

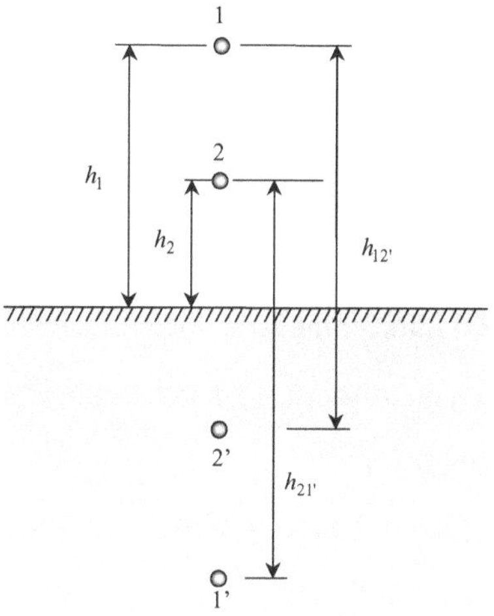

Şekil 5.6 İki iletkenli durum için iletkenlerin yeryüzündeki görüntüleri ve iletkenler arasındaki mesafeler.
h_1 : 1. iletkenin yüksekliği,
h_2 : 2. iletkenin yüksekliği,
$h_{12'}$: 1. iletken ile 2. iletkenin görüntüsü arasındaki mesafe,
$h_{21'}$: 2. iletken ve 1. iletkenin görüntüsü arasındaki mesafe.

$$Z = \begin{bmatrix} z_{11} & z_{12} \\ z_{21} & z_{22} \end{bmatrix}, \qquad (5.12)$$

$$Y = \begin{bmatrix} y_{11} & y_{12} \\ y_{21} & y_{22} \end{bmatrix}. \qquad (5.13)$$

Burada uzaklık $h_{12'} = h_{21'}$ olduğundan dolayı $z_{12} = z_{21}$ ve $y_{12} = y_{21}$ dir. $W = ZY$ kısaltmasını kullanarak W 'ye modal dönüşüm uygulanırsa köşegen hale dönüşür ve,

$$T^{-1}WT = \begin{bmatrix} W_1 & 0 \\ 0 & W_2 \end{bmatrix}, \qquad (5.14)$$

şeklinde olur. (5.11a) denkleminin sol tarafı da modal dönüşüm matrisinin tersi T^{-1} ile çarpılırsa 1 ve 2 iletkeni ile ilgili olarak aşağıdaki denklemler elde edilir;

$$\frac{d^2\overline{V_1}}{dx^2} = W_1\overline{V_1}, \tag{5.15a}$$

$$\frac{d^2\overline{V_2}}{dx^2} = W_2\overline{V_2}. \tag{5.15b}$$

Bu denklemlerde üstü çizili ifadeler modal domenindeki büyüklükleri göstermektedir. Burada iki iletkenini yayılma sabiti (5.15b)'denkleminden $\overline{\gamma_2} = \sqrt{W_2}$ şeklinde ayrıştırılmış olarak bulunabilir.

Z_{02}'yi bulmak için (Z/Y) ifadesini T dönüşüm matrisiyle sağdan ve T'nin tersiyle soldan çarpılırsa,

$$T^{-1}(Z/Y)T = \begin{bmatrix} Z_1 & 0 \\ 0 & Z_2 \end{bmatrix}, \tag{5.16}$$

matrisi elde edilir. Burada modal domendeki iki iletkenini karakteristik empedansı yukarıdaki denklemden $\overline{Z_{02}} = \sqrt{Z_2}$ olarak ayrıştırılmış biçimde bulunabilir.

İletim hattının iki iletkeninin göz önüne alınması durumu için, sistemin faz ve modal domenindeki gösterimi Şekil 5.4'te verilmişti. Bu şekle göre yıldırımın elektrik direğinin tepe noktasına düşmesi durumunda direğin tam tepe noktasındaki V_{S1} gerilimi ve I_{S1} akımı (5.7) ve (5.9) eşitliklerinde hesaplanmıştı. Bu bilgilerden yararlanarak fazlar üzerinde indüklenen gerilimler hesaplanabilir. Bunun için iletim hatlarının analizinde kullanılan *abcd* parametreli denklemlere de modal dönüşüm tekniğinin uygulanması gerekmektedir. İletim sistemi yüksüz olduğundan R indisli akımlar sıfır alınabilir. Öncelikle 2 iletkenine ait modal domenindeki üssel ABCD parametreli denklemi aşağıdaki gibi yazılabilir;

$$\begin{bmatrix} \overline{V_{S2}} \\ \overline{I_{S2}} \end{bmatrix} = \begin{bmatrix} \cosh \overline{\gamma_2} \ell & \overline{Z_{02}} \sinh \overline{\gamma_2} \ell \\ \overline{Z_{02}^{-1}} \sinh \overline{\gamma_2} \ell & \cosh \overline{\gamma_2} \ell \end{bmatrix} \begin{bmatrix} \overline{V_{R2}} \\ 0 \end{bmatrix}. \tag{5.17}$$

Bu denklemden $\overline{V_{R2}}$ 'yi ayırarak , $\overline{V_{S2}}$ 'de yerine yazılırsa;

$$\overline{V_{S2}} = \frac{\cosh \overline{\gamma_2} \ell . Z_{02}}{\sinh \overline{\gamma_2} \ell} \overline{I_{S2}} \tag{5.18}$$

eşitliği elde edilir. Modal ve faz domeni akımları arasındaki ilişki aşağıdaki eşitlikle verilebilir;

$$\begin{bmatrix} \overline{I_{S1}} \\ \overline{I_{S2}} \end{bmatrix} = T^{-1} \begin{bmatrix} I_{S1} \\ 0 \end{bmatrix}. \tag{5.19}$$

Bu eşitlikten $\overline{I_{S2}}$ aşağıdaki gibi elde edilir:

$$\overline{I_{S2}} = -\frac{t_{21}}{\det(T)} I_{S1}. \tag{5.20}$$

Bu eşitlik (5.18)'de yerine yazılırsa;

$$\overline{V_{S2}} = -\frac{t_{21}}{\det(T)} \frac{\cosh \overline{\gamma_2} \ell . Z_{02}}{\sinh \overline{\gamma_2} \ell} I_{S1}, \tag{5.21}$$

eşitliği elde edilir [104]. Faz ve modal domeni gerilimleri arasındaki ilişki aşağıdaki denklemle verilebilir;

$$\begin{bmatrix} V_{S1} \\ V_{S2} \end{bmatrix} = T \begin{bmatrix} \overline{V_{S1}} \\ \overline{V_{S2}} \end{bmatrix}. \tag{5.22}$$

Bu eşitlikten

$$V_{S2} = \frac{t_{21}}{t_{11}} V_{S1} + \frac{\det(T)}{t_{11}} \overline{V_{S2}}, \tag{5.23}$$

olarak elde edilir. (5.21) eşitliği (5.23) denkleminde yerine yazılırsa faz iletkeninde indüklenen gerilim;

$$V_{S2} = \frac{t_{21}}{t_{11}}\left(V_{S1} - \frac{\cosh \overline{\gamma_2 \ell . Z_{02}}}{\sinh \overline{\gamma_2 \ell}} I_{S1} \right), \tag{5.24}$$

şeklinde bilinenler cinsinden elde edilir. Bu denklemde hangi faz ele alınırsa o fazın karakteristik empedansı ve yayılım sabiti kullanılarak üzerinde indüklenen gerilim hesaplanabilir [104].

(5.24) eşitliğindeki V_{S1} direğin tepe noktasındaki gerilim ve I_{S1} ise toprak iletkeninden geçen akımdır. Yıldırımın elektrik direğinin tepe noktasına düşmesi durumu için önceden elde edilen (5.7) ve (5.9) eşitlikleri (5.24) denkleminde yerine yazılırsa,

$$V_{S2} = \frac{t_{21}}{t_{11}}\left(1 - \frac{c_1}{a_1} \frac{\cosh \overline{\gamma_2 \ell . Z_{02}}}{\sinh \overline{\gamma_2 \ell}} \right) \frac{1}{Y(s)} I_S(s), \tag{5.25}$$

şeklinde yıldırım akımına bağlı olarak diğer fazlarda indüklenen gerilim ifadesi bulunmuş olur [104].

5.4.2. İki İletkenli Durum İçin Genelleştirilmiş Analiz

İki iletkenli bir iletim sisteminde elektrik direğinin tepe noktasına yıldırım düşmesi durumunda, önceki bölümde elde edilen diğer fazda indüklenen gerilim ifadesini toprak iletkeni ve faz iletkeni arasındaki kuplajlığı dahil ederek genelleştirmek için, iletim hattının *abcd* parametrelerinin birleşik olarak ele alınması gerekir. Bu durum Şekil 5.7'de gösterilmiştir. Bu şekle göre iki iletkenli iletim sisteminin *abcd* parametreleri *a, b, c* ve *d* matris şeklindedir ve iki iletkenli sistem için *abcd* matrisinin boyutu 4×4 olmaktadır. İki iletkenli sistemin *abcd* parametre matrisini elde etmek için öncelikle *Z* ve *Y* matrislerinin yazılması gerekmektedir. Burada bir önceki bölümde olduğu gibi iki iletkenli sistem analiz edildiğinden iletkenlerin konumları Şekil 5.6'da gösterildiği gibidir. Buna göre *Z* ve *Y*,

$$Z = \begin{bmatrix} z_{11} & z_{12} \\ z_{21} & z_{22} \end{bmatrix}, \tag{5.26}$$

$$Y = \begin{bmatrix} y_{11} & y_{12} \\ y_{21} & y_{22} \end{bmatrix}, \tag{5.27}$$

şeklindedir. *Z* indüktans ve *Y* admitans matrislerini kullanarak iki iletkenli sistemin *abcd* parametrelerinin elde etmek için, öncelikle γ yayılım sabiti ve Z_0 karakteristik empedans ifadelerinin çıkarılması gerekir. Çünkü *a, d* parametresi için $\cosh(\gamma)$ ve *b, c* için $\sinh(\gamma)$ ile Z_0 gereklidir.

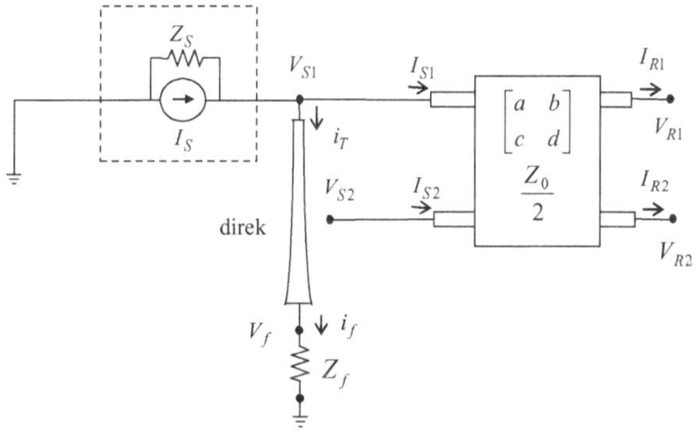

Şekil 5.7 İki iletkenli sistem için, yıldırımın elektrik direğinin tepe noktasına düşmesi durumunda hattın *abcd* parametrelerinin birleşimini gösteren eşdeğer devre.

Yayılım sabiti γ, *Z* ve *Y* matrislerinin çarpımlarının kareköküne eşittir. *Z* ve *Y* matris olduklarından çarpımlarının karekökünü hesaplamak için fonksiyonun karekökünün alınması gereklidir. Bu yüzden modal dönüşüm tekniğinin kullanılarak Z ve *Y* matrislerinin köşegen hale getirilir. Ek-1' de bahsedilen modal dönüşüm işlem adımlarını uygulayarak Z'yi köşegen yapan dönüşüm matrisinin tersiyle soldan T_z^{-1} ve dönüşüm matrisi T_z ile sağdan çarpılır ve z_k köşegen empedans matrisi,

$$Z_k = T_z^{-1} Z T_z, \tag{5.28}$$

şeklinde elde edilir. Benzer olarak Y'yi köşegen yapan dönüşüm matrisinin tersiyle soldan T_y^{-1} ve dönüşüm matrisi T_y ile sağdan çarpılır ve Y_k modal empedans matrisi,

$$Y_k = T_y^{-1} Y T_y, \tag{5.29}$$

bulunur. Köşegen Z_k ve Y_k elde edildiğinden matrisin karekök fonksiyonu alarak modal γ_k,

$$\gamma_k = \begin{bmatrix} \gamma_1 & 0 \\ 0 & \gamma_2 \end{bmatrix} = \begin{bmatrix} \sqrt{Z_1 Y_1} & 0 \\ 0 & \sqrt{Z_2 Y_2} \end{bmatrix}, \tag{5.30}$$

şeklinde hesaplanır. Z ve Y matrisleri simetrik olduklarından hesaplamalarda kullanılan modal dönüşüm matrisleri birbirine eşittir ($T_z = T_y$).

Modal yayılım sabiti ayrıca Z ve Y matrislerini doğrudan çarparak önceki bölümde anlatıldığı gibi veya Ek-1'de bahsedilen modal dönüşüm metoduyla T_{zy} kullanılarak da aynı şekilde elde edilebilir.

Karakteristik empedans ifadesi Z_0, Y matrisinin Z matrisine bölümünün kareköküne eşittir. Yukarıda elde edilen köşegen Z_k ve Y_k kullanılarak modal karakteristik empedans ifadesi Z_{0k} aşağıdaki gibi bulunur:

$$Z_{0k} = \begin{bmatrix} Z_{01} & 0 \\ 0 & Z_{02} \end{bmatrix} = \begin{bmatrix} \sqrt{Z_1 / Y_1} & 0 \\ 0 & \sqrt{Z_2 / Y_2} \end{bmatrix}. \tag{5.31}$$

Matrisin fonksiyonu alındıktan sonra modal büyüklüklerden faz büyüklüklerine geçmek için işlemin tersi yapılır. Z_0'ın hesaplanması için, modal domendeki Z_{0k} ile T_z veya T_y matrisinin kendisiyle soldan ve tersleriyle sağdan çarpılarak,

$$Z_0 = T_z Z_{0k} T_z^{-1}, \tag{5.32}$$

faz domenindeki karakteristik empedans ifadesi elde edilir.

Köşegen yayılım sabiti γ_k hesaplandıktan sonra hattın uzunluğu ile çarpılır ve $\cosh(\gamma_k l)$ ve $\sinh(\gamma_k l)$ buradan kolaylıkla elde edilebilir. Çünkü köşegen matrisin fonksiyonu, doğrudan köşegen elemanların fonksiyonun alınmasıyla aşağıdaki gibi bulunur,

$$\cosh(\gamma_k l) = \begin{bmatrix} \cosh(\gamma_1 l) & 0 \\ 0 & \cosh(\gamma_2 l) \end{bmatrix}, \tag{5.33a}$$

$$\sinh(\gamma_k l) = \begin{bmatrix} \sinh(\gamma_1 l) & 0 \\ 0 & \sinh(\gamma_2 l) \end{bmatrix}. \tag{5.33b}$$

Faz büyüklüğündeki $\cosh(\gamma l)$ ve $\sinh(\gamma l)$' ye geçmek için karakteristik empedans ifadesinde olduğu gibi T_z veya T_y matrisinin kendisiyle soldan ve tersleriyle sağdan çarparak,

$$\cosh(\gamma l) = T_z \cosh(\gamma_k l) T_z^{-1}, \tag{5.34a}$$

$$\sinh(\gamma l) = T_z \sinh(\gamma_k l) T_z^{-1}, \tag{5.34b}$$

faz domenindeki ifadeleri bulunmuş olur.

Şekil 5.7'deki iki iletkenli sistem için Z ve Y parametre matrislerini kullanarak hiperbolik *abcd* parametreli denklemi,

$$\begin{bmatrix} [V_S] \\ [I_S] \end{bmatrix} = \begin{bmatrix} [\cosh(\gamma l)] & [(Z_0/2)\sinh(\gamma l)] \\ [(2/Z_0)\sinh(\gamma l)] & [\cosh(\gamma l)] \end{bmatrix} \begin{bmatrix} [V_R] \\ [I_R] \end{bmatrix}, \tag{5.35}$$

olarak faz domeninde bulunur ve açık olarak matrisler yerlerine yazılırsa,

$$\begin{bmatrix} V_{S1} \\ V_{S2} \\ \hdashline I_{S1} \\ I_{S2} \end{bmatrix} = \left[\begin{array}{cc:cc} a_{11} & a_{12} & b_{11} & b_{12} \\ a_{21} & a_{22} & b_{21} & b_{22} \\ \hdashline c_{11} & c_{12} & d_{11} & d_{12} \\ c_{21} & c_{22} & d_{21} & d_{22} \end{array}\right] \begin{bmatrix} V_{R1} \\ V_{R2} \\ \hdashline I_{R1} \\ I_{R2} \end{bmatrix}, \tag{5.36}$$

şeklinde elde edilir.

5.4.2.1. İki İletkenli Sistem için Kuplaj Katsayı Matrisi'nin (KKM) Hesaplanması

Şekil 5.4'te görüldüğü gibi R indisli akımlar sıfır alınabilir ve yıldırımın düştüğü anda I_{S2} akımının da sıfır olduğu kabul edilebilir. Bu durumlar (5.36) denkleminde yerlerine yazılırsa, (5.36) denkleminden aşağıdaki eşitlikler elde edilir,

$$\begin{bmatrix} V_{S1} \\ V_{S2} \end{bmatrix} = \begin{bmatrix} a_{11} & a_{12} \\ a_{21} & a_{22} \end{bmatrix} \begin{bmatrix} V_{R1} \\ V_{R2} \end{bmatrix}, \tag{5.37}$$

$$\begin{bmatrix} I_{S1} \\ 0 \end{bmatrix} = \begin{bmatrix} c_{11} & c_{12} \\ c_{21} & c_{22} \end{bmatrix} \begin{bmatrix} V_{R1} \\ V_{R2} \end{bmatrix}, \tag{5.38}$$

denklemleri çıkartılabilir. (5.38) denkleminde V_R'lı kısım çekilip (5.37) denkleminde yerine yazılırsa,

$$\begin{bmatrix} V_{S1} \\ V_{S2} \end{bmatrix} = \begin{bmatrix} a_{11} & a_{12} \\ a_{21} & a_{22} \end{bmatrix} \begin{bmatrix} c_{11} & c_{12} \\ c_{21} & c_{22} \end{bmatrix}^{-1} \begin{bmatrix} I_{S1} \\ 0 \end{bmatrix}, \tag{5.39}$$

denklemi elde edilir. Aşağıdaki kısaltmanın kullanılmasıyla,

$$E = \begin{bmatrix} e_{11} & e_{12} \\ e_{21} & e_{22} \end{bmatrix} = \begin{bmatrix} a_{11} & a_{12} \\ a_{21} & a_{22} \end{bmatrix} \begin{bmatrix} c_{11} & c_{12} \\ c_{21} & c_{22} \end{bmatrix}^{-1}, \tag{5.40}$$

[E] Kuplaj Katsayı Matrisi (KKM) elde edilir. [E] matrisi, yıldırım düştüğünde toprak iletkeni ve diğer iletkenler arasındaki kuplajlığı ifade ettiğinden bu isim verilmiştir. Bu ifade (5.39) denkleminde yerine yazılırsa,

$$\begin{bmatrix} V_{S1} \\ V_{S2} \end{bmatrix} = \begin{bmatrix} e_{11} & e_{12} \\ e_{21} & e_{22} \end{bmatrix} \begin{bmatrix} I_{S1} \\ 0 \end{bmatrix}, \tag{5.41}$$

direğin tepe noktasındaki ve diğer fazda indüklenen gerilim ifadesi matris formunda elde edilmiş olur ve açıkça yazılırsa,

$$V_{S1} = e_{11} I_{S1}, \tag{5.42a}$$

$$V_{S2} = e_{21} I_{S1}, \tag{5.42b}$$

denklemleri elde edilir.

5.4.2.2. İki İletkenli Sistem için Yıldırım Akımı Cevabı

Yıldırımın elektrik direğinin tepe noktasına düşmesi durumu için önceki bölümde elde edilen direk admitansı denklem (5.6) ve Kuplaj Katsayı Matrisi ifadelerini kullanarak Şekil 5.7'ye göre tepedeki gerilimi hesaplamak için toplam admitans ifadesi yazılırsa,

$$Y(s) = \frac{1}{Z_S} + \frac{1}{e_{11}} + Y_t(s), \tag{5.43}$$

elde edilir. Direğin tepesinde oluşan V_{S1} gerilimi,

$$V_{S1}(s) = \frac{I_S(s)}{Y(s)}, \tag{5.44}$$

şeklinde yazılabilir. Toprak iletkeninden geçen I_{S1} akım ifadesi ise (5.39a)' dan,

$$I_{S1} = \frac{V_{S1}}{e_{11}}, \tag{5.45}$$

olarak bulunur diğer fazda oluşan gerilim ifadesi ise,

$$V_{S2} = \frac{e_{21}}{e_{11} Y(s)} I_S(s), \tag{5.46}$$

şeklinde bulunur.

5.5. Üç Fazlı Toprak İletkenli İletim Hatlarının Analizi

Üç fazlı toprak iletkenli iletim hattının yıldırım analizinin yapılması için öncelikle iletken konumlarının ve geometrisinin Şekil 5.8'de gösterildiği gibi olduğu varsayılmıştır. Bu şekildeki iletkenlerin geometrik yerleşimlerine göre her iletkenin self ve ortak indüktans, admitans ifadeleri çıkarılabilir. *Z* indüktans ve *Y* admitans ifadeleri çıkarıldıktan sonra, iki iletkenli genelleştirilmiş analizde anlatılan prosedüre göre üç fazlı ve dört iletkenli sistem kolaylıkla analiz edilebilir. Burada iki iletkenli sistemde olduğu gibi iletim sisteminin simetrisinin üzerine katlandığı $(Z_0/2)$ Şekil 5.3' de gösterilen durumda analiz yapılmıştır.

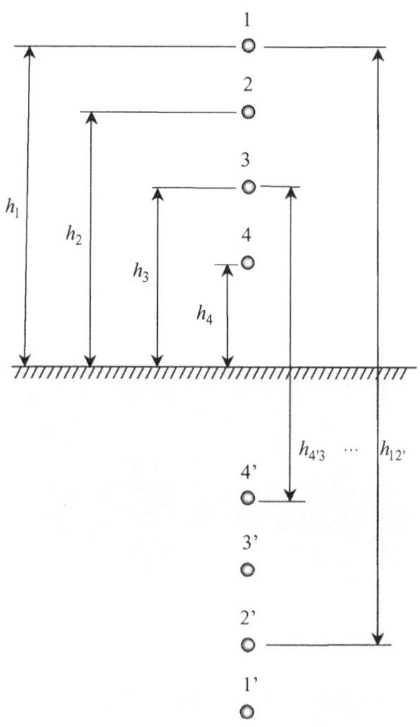

Şekil 5.8 Dört iletkenli durum için iletkenlerin yeryüzündeki görüntüleri ve iletkenler arasındaki mesafeler. 1 toprak iletkeni, 2,3,4 faz iletkenleri.
h_i : i. iletkenin yüksekliği,
$h_{ij'}$: i. iletken ile j. iletkenin görüntüsü arasındaki mesafe.

Şekil 5.8'de gösterilen dört iletkenli sistem için *Z* ve *Y* parametreleri 3. Bölümde verilen formüllere göre iletkenlerin konumları, yeryüzündeki görüntüleri ve kompleks derinlik kavramına göre çıkartılır. Sonuç *Z* ve *Y* matrisleri aşağıdaki gibi verilir,

$$Z = \begin{bmatrix} z_{11} & z_{12} & z_{13} & z_{14} \\ z_{21} & z_{22} & z_{23} & z_{24} \\ z_{31} & z_{32} & z_{33} & z_{34} \\ z_{41} & z_{42} & z_{43} & z_{44} \end{bmatrix}, \tag{5.47}$$

$$Y=\begin{bmatrix} y_{11} & y_{12} & y_{13} & y_{14} \\ y_{21} & y_{22} & y_{23} & y_{24} \\ y_{31} & y_{32} & y_{33} & y_{34} \\ y_{41} & y_{42} & y_{43} & y_{44} \end{bmatrix}. \qquad (5.48)$$

Bu matrisleri kullanarak önceki bölümde ve Ek-1' de anlatılan modal dönüşüm tekniğine göre köşegen Z_k, Y_k ve 4×4 boyutundaki dönüşüm matrisi T_z veya T_y bulunduktan sonra modal domendeki yayılım sabiti matrisi;

$$\gamma_k=\begin{bmatrix} \gamma_1 & 0 & 0 & 0 \\ 0 & \gamma_2 & 0 & 0 \\ 0 & 0 & \gamma_3 & 0 \\ 0 & 0 & 0 & \gamma_4 \end{bmatrix}=\begin{bmatrix} \sqrt{Z_1Y_1} & 0 & 0 & 0 \\ 0 & \sqrt{Z_2Y_2} & 0 & 0 \\ 0 & 0 & \sqrt{Z_3Y_3} & 0 \\ 0 & 0 & 0 & \sqrt{Z_4Y_4} \end{bmatrix}, \qquad (5.49)$$

olarak elde edilir ve matris köşegen olduğundan γ_k hattın uzunluğu l ile çarpıldıktan sonra matrisin fonksiyonu $\cosh(\gamma_k l)$ doğrudan aşağıdaki gibi hesaplanır:

$$\cosh(\gamma_k l)=\begin{bmatrix} \cosh(\gamma_1 l) & 0 & 0 & 0 \\ 0 & \cosh(\gamma_2 l) & 0 & 0 \\ 0 & 0 & \cosh(\gamma_3 l) & 0 \\ 0 & 0 & 0 & \cosh(\gamma_4 l) \end{bmatrix}, \qquad (5.50)$$

Benzer şekilde $\sinh(\gamma_k l)$ de hesaplanabilir.

Modal karakteristik empedans ifadesi yine önceki bölüme benzer biçimde,

$$Z_{0k}=\begin{bmatrix} Z_{01} & 0 & 0 & 0 \\ 0 & Z_{02} & 0 & 0 \\ 0 & 0 & Z_{03} & 0 \\ 0 & 0 & 0 & Z_{04} \end{bmatrix}=\begin{bmatrix} \sqrt{Z_1/Y_1} & 0 & 0 & 0 \\ 0 & \sqrt{Z_2/Y_2} & 0 & 0 \\ 0 & 0 & \sqrt{Z_3/Y_3} & 0 \\ 0 & 0 & 0 & \sqrt{Z_4/Y_4} \end{bmatrix}, \qquad (5.51)$$

şeklinde elde edilir [105].

Köşegen haldeki modal büyüklüklerden faz büyüklüğündeki ifadelere dönmek için, önceki bölümde anlatıldığı gibi dönüşüm matrisiyle soldan ve tersiyle sağdan çarpılır ve aşağıdaki gibi elde edilir,

$$Z_0 = T_z Z_{0k} T_z^{-1}, \tag{5.52}$$

$$\cosh(\gamma l) = T_z \cosh(\gamma_k l) T_z^{-1}, \tag{5.53a}$$

$$\sinh(\gamma l) = T_z \sinh(\gamma_k l) T_z^{-1}. \tag{5.53b}$$

Yukarıdaki denklemlerde elde edilen faz büyüklüklerinden sistemin simetrisinin üstüne katlandığı Şekil 5.3'teki durum için, hiperbolik *abcd* parametre ifadeleri aşağıdaki gibi yazılabilir,

$$\begin{bmatrix} [V_S] \\ [I_S] \end{bmatrix} = \begin{bmatrix} [\cosh(\gamma l)] & [(Z_0/2)\sinh(\gamma l)] \\ [(2/Z_0)\sinh(\gamma l)] & [\cosh(\gamma l)] \end{bmatrix} \begin{bmatrix} [V_R] \\ [I_R] \end{bmatrix}. \tag{5.54}$$

5.5.1. Direğe Yıldırım Düşmesi Durumu

Üç fazlı toprak iletkenli sistemde yıldırımın direğe düşmesi durumunda, direğin tepesinde ve diğer üç fazın her birisinde indüklenen gerilimi hesaplamak için önce dört iletkenli sistemin Kuplaj Katsayı Matrisinin hesaplanması gerekir. Şekil 5.9'da yıldırımın elektrik direğinin tepe noktasına düşmesi durumu için eşdeğer devre verilmiştir.

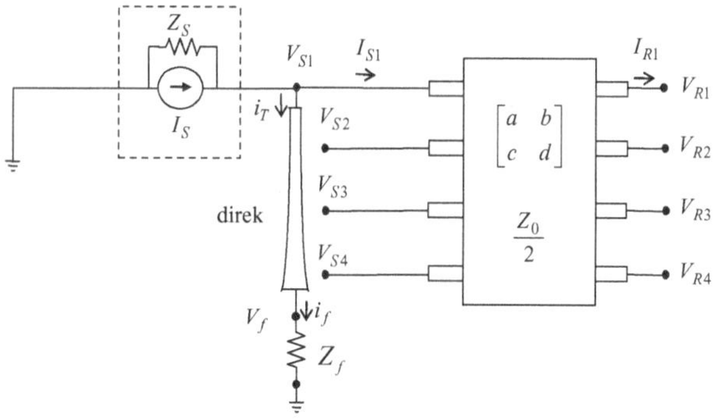

Şekil 5.9 Yıldırımın elektrik direğinin tepe noktasına düşmesi durumu için dört iletkenli sistemin eşdeğer devresi.

(5.54) denkleminde faz büyüklüklerine ait *abcd* parametre ifadelerini Şekil 5.9'a göre açık olarak yazılırsa,

$$\begin{bmatrix} V_{S1} \\ V_{S2} \\ V_{S3} \\ V_{S4} \\ \hdashline I_{S1} \\ I_{S2} \\ I_{S3} \\ I_{S4} \end{bmatrix} = \left[\begin{array}{cccc:cccc} a_{11} & a_{12} & a_{13} & a_{14} & b_{11} & b_{12} & b_{13} & b_{14} \\ a_{21} & a_{22} & a_{23} & a_{24} & b_{21} & b_{22} & b_{23} & b_{24} \\ a_{31} & a_{32} & a_{33} & a_{34} & b_{31} & b_{32} & b_{33} & b_{34} \\ a_{41} & a_{42} & a_{43} & a_{44} & b_{41} & b_{42} & b_{43} & b_{44} \\ \hdashline c_{11} & c_{12} & c_{13} & c_{14} & d_{11} & d_{12} & d_{13} & d_{14} \\ c_{21} & c_{22} & c_{23} & c_{24} & d_{21} & d_{22} & d_{23} & d_{24} \\ c_{31} & c_{32} & c_{33} & c_{34} & d_{31} & d_{32} & d_{33} & d_{34} \\ c_{41} & c_{42} & c_{43} & c_{44} & d_{41} & d_{42} & d_{43} & d_{44} \end{array}\right] \begin{bmatrix} V_{R1} \\ V_{R2} \\ V_{R3} \\ V_{R4} \\ \hdashline I_{R1} \\ I_{R2} \\ I_{R3} \\ I_{R4} \end{bmatrix}, \qquad (5.55)$$

denklemi elde edilir.

5.5.1.1. Dört İletkenli Sistem için Kuplaj Katsayı Matrisi

Analiz için seçilen maksimum zaman hattın sonundan yansıyıp gelen dalga zamanının iki katından küçük seçilirse hattın sonunda ne olursa olsun sonucu etkilemez. Böylece alıcı uç gerilimi açık devre kabul edilebilir ve Şekil 5.9' da görüldüğü gibi, yıldırımın düştüğü anda *R* indisli akımlar sıfır alınabilir. Bu durumda (5.55) denklemi basitçe aşağıdaki gibi yazılabilir,

$$\begin{bmatrix} V_S \\ I_S \end{bmatrix} = \begin{bmatrix} A & B \\ C & D \end{bmatrix} \begin{bmatrix} V_R \\ 0 \end{bmatrix}. \qquad (5.56)$$

(5.56) denkleminde $[V_S]=[A][V_R]$ ve $[I_S]=[C][V_R]$'dır. İkincisinden $[V_R]$ çekilip birincide yerine yazılırsa,

$$[V_S]=[A][C]^{-1}[I_S], \qquad (5.57a)$$

$$[V_S] = [E][I_S], \tag{5.57b}$$

denklemi elde edilir. $[E]=[A][C]^{-1}$ kısaltmasını kullanarak Kuplaj Katsayı Matrisi elde edilir. Şekil 5.9'dan görüldüğü üzere faz iletkenlerinin gönderici uç akımları sıfır alınabilir $I_{S2}=I_{S3}=I_{S4}=0$, bu durumda (5.57) denklemi daha açık olarak aşağıdaki gibi yazılabilir,

$$\begin{bmatrix} V_{S1} \\ V_{S2} \\ V_{S3} \\ V_{S4} \end{bmatrix} = \begin{bmatrix} e_{11} & e_{12} & e_{13} & e_{14} \\ e_{21} & e_{22} & e_{23} & e_{24} \\ e_{31} & e_{32} & e_{33} & e_{34} \\ e_{41} & e_{42} & e_{43} & e_{44} \end{bmatrix} \begin{bmatrix} I_{S1} \\ 0 \\ 0 \\ 0 \end{bmatrix}. \tag{5.58}$$

İki iletkenli sisteme benzer olarak direğin tepesindeki ve diğer fazlarda indüklenen gerilimler aşağıdaki gibi elde edilir,

$$V_{S1} = e_{11} I_{S1}, \tag{5.59a}$$

$$V_{S2} = e_{21} I_{S1}, \tag{5.59b}$$

$$V_{S3} = e_{31} I_{S1}, \tag{5.59c}$$

$$V_{S4} = e_{41} I_{S1}. \tag{5.59d}$$

5.5.1.2. Dört İletkenli Sistem için Yıldırım Akımı Cevabı

Yıldırımın elektrik direğinin tepe noktasındaki düşmesi durumunda yıldırım akım yolu empedansı, direk admitansı ve elde edilen Kuplaj Katsayı Matrisinden faydalanarak Şekil 5.9'a göre tepedeki gerilimi hesaplamak için toplam admitans ifadesi,

$$Y(s) = \frac{1}{Z_S} + \frac{1}{e_{11}} + Y_t(s), \tag{5.60}$$

şeklinde elde edilir. Direğin tepe noktasındaki gerilim,

$$V_{S1}(s) = \frac{I_S(s)}{Y(s)}, \qquad (5.61)$$

şeklindedir ve toprak iletkeninden geçen I_{S1} akım ifadesi ise (5.59a)' dan,

$$I_{S1} = \frac{V_{S1}}{e_{11}}, \qquad (5.62)$$

olarak bulunur. Bu akım değeri (5.59b-d)'de yerine yazılarak diğer fazlarda indüklenen gerilimler hesaplanabilir. Fazlarda oluşan gerilim ifadeleri,

$$V_{S2} = \frac{e_{21}}{e_{11}Y(s)} I(s), \qquad (5.63a)$$

$$V_{S3} = \frac{e_{31}}{e_{11}Y(s)} I(s), \qquad (5.63b)$$

$$V_{S4} = \frac{e_{41}}{e_{11}Y(s)} I(s), \qquad (5.63c)$$

şeklinde bulunur.

5.5.2. Faz İletkenlerine Yıldırım Düşmesi Durumu

İletim sistemlerinde yıldırımların çoğu direklere ve toprak iletkenine düşmektedir. Fakat nadir de olsa yıldırım faz iletkenlerine düşebilir. s-domeninde yıldırım analizi yapılırken Kuplaj Katsayı Matrisi elde edildikten sonra, faz iletkenlerine yıldırım düşmesi durumu için de işlem adımı kolay olmaktadır. Faz iletkenlerinden en üst faza yıldırım düşmesi durumu Şekil 5.10'da verilmiştir.

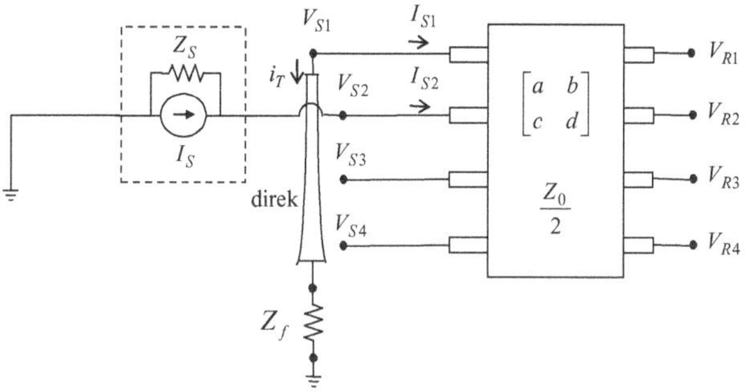

Şekil 5.10 Yıldırımın faz iletkenine düşmesi durumu için dört iletkenli sistemin eşdeğer devresi.

Şekil 5.10' da görülen sistemde herhangi bir faz iletkenine yıldırım düştüğünde o faz iletkeninden geçen akım diğer fazlarda bir gerilim endüklenmesine sebep olur. Toprak iletkenine yıldırım düşmesi durumu denklem (5.58)'e benzer olarak, üst faza yıldırım düşmesi durumunda, Kuplaj Katsayı Matrisini hesaplamak için (5.55) denklemindeki toprak iletkenine ait olan *abcd* parametrelerine direğin toplam admitansı $Y_t(s)$ dahil edilerek, yeni *abcd* parametrelerinin yazılması gereklidir. Bunun için yıldırımın düştüğü anda Şekil 5.10'dan görüldüğü gibi üst fazda indüklenen gerilimden dolayı hem toprak iletkeninden hem de direkten akım akar. Bu akım değeri aşağıdaki gibi yazılabilir,

$$I_S = I_{S1} + I_T . \tag{5.64}$$

Direkten geçen akım açık olarak

$$I_T = V_{S1} Y_t(s), \tag{5.65}$$

şeklindedir. (5.55) denkleminden V_{S1} ve I_{S1} ifadeleri aşağıdaki gibi yazılabilir;

$$V_{S1} = a_{11}V_{R1} + a_{12}V_{R2} + a_{13}V_{R3} + a_{14}V_{R4}, \tag{5.66}$$

$$I_{S1} = c_{11}V_{R1} + c_{12}V_{R2} + c_{13}V_{R3} + c_{14}V_{R4}. \quad (5.67)$$

Buradan (5.66) denklemi (5.65)'te yerine yazılır ve (5.67) ve (5.65) denklemleri ise (5.64)'de yerlerine yazılırsa aşağıdaki denklem elde edilir,

$$I_S = (a_{11}Y_t(s) + c_{11})V_{R1} + (a_{12}Y_t(s) + c_{12})V_{R2} + (a_{13}Y_t(s) + c_{13})V_{R3} + (a_{14}Y_t(s) + c_{14})V_{R4}. \quad (5.68)$$

Toprak iletkeninin bağlandığı direğin tepe noktasındaki gerilim değeri (5.66) denkleminden yeni akım eşitliği ise (5.68) denklemi kullanılarak bulunur. Bu durumda (5.55) matrisinin yeni değerleri yerine yazılırsa, A matrisi değişmez ve C matrisinin birinci satırı ise (5.68) denklemindeki V_{Ri} geriliminin katsayıları ile değiştirilir. Bu değerler (5.55) denkleminde yerine yazıldıktan sonra Kuplaj Katsayı Matrisi hesaplanır ve gerilim ve akım değerleri Şekil 5.10'a göre aşağıdaki gibi yazılır,

$$\begin{bmatrix} V_{S1} \\ V_{S2} \\ V_{S3} \\ V_{S4} \end{bmatrix} = \begin{bmatrix} e_{11} & e_{12} & e_{13} & e_{14} \\ e_{21} & e_{22} & e_{23} & e_{24} \\ e_{31} & e_{32} & e_{33} & e_{34} \\ e_{41} & e_{42} & e_{43} & e_{44} \end{bmatrix} \begin{bmatrix} 0 \\ I_{S2} \\ 0 \\ 0 \end{bmatrix}. \quad (5.69)$$

(5.69) eşitliğinden gerilim ifadeleri açık olarak aşağıdaki gibi bulunur,

$$V_{S1} = e_{12}I_{S2}, \quad (5.70a)$$

$$V_{S2} = e_{22}I_{S2}, \quad (5.70b)$$

$$V_{S3} = e_{32}I_{S2}, \quad (5.70c)$$

$$V_{S4} = e_{42}I_{S2}. \quad (5.70d)$$

Yıldırımın faza düşmesi durumunda yıldırım akım yolu empedansı ve elde edilen Kuplaj Katsayı Matrisinden faydalanarak Şekil 5.10' a göre toplam admitans ifadesi,

$$Y_2(s) = \frac{1}{Z_S} + \frac{1}{e_{22}}, \tag{5.71}$$

şeklinde olur ve yıldırımın düştüğü fazdaki gerilim ifadesi ise,

$$V_{S2}(s) = \frac{I_S(s)}{Y_2(s)}, \tag{5.72}$$

şeklindedir ve iletim hattından geçen I_{S2} akım ifadesi ise (5.70b)'den çekilirse,

$$I_{S2} = \frac{V_{S2}}{e_{22}}, \tag{5.73}$$

olarak bulunur. Bu akım değeri (5.70a,c,d)'de yerine yazılarak istenilen gerilim değerleri elde edilmiş olur.

Orta faza yıldırım düşmesi durumunda (5.69) denkleminde akım matrisi $[0 \quad 0 \quad i_{S3} \quad 0]^T$ şeklinde olur ve Kuplaj Katsayı Matrisinin üçüncü kolonu ile çarpılarak indüklenen gerilim değerleri hesaplanır. Alt faza yıldırım düşmesi durumunda ise, (5.69) denkleminde akım matrisi $[0 \quad 0 \quad 0 \quad i_{S4}]^T$ olarak Kuplaj Katsayı Matrisinin dördüncü kolonu ile çarpılarak indüklenen gerilim değerleri, üst faza yıldırım düşmesine benzer olarak hesaplanabilir.

5.6. Çift Devreli İki Koruma İletkenli Hatların Yıldırım Analizi

Çift devreli iki koruma iletkenli, toplam sekiz iletkenin bulunduğu sistemin *s*-domeninde analiz edilmesi için öncelikle iletkenlerin seri empedans ve şönt kapasite matrislerinin elde edilmesi gerekir. Bunun için iletkenler arasındaki geometrinin gerçekte olduğu gibi ele alınması gerekmektedir. Çift devreli ve iki koruma iletkenli toplam sekiz iletkenin bulunduğu sistemin geometrisi Şekil 5.11' de gösterildiği gibidir. Önceki durumlardan farklı olarak burada yatay uzunlukların da empedans ve kapasitans değerlerini etkileyeceği görülmektedir. Şekilde görülen 1, 2 iletkenleri toprak iletkeni ve 3, 4, 5, 6, 7, 8 ise faz iletkenleridir. Eğer faz iletkenleri demet halindeyse, demet iletkenler arasındaki mesafeye göre demet iletkenin eşdeğer yarıçap ifadesinin çıkarılması gerekir. Şekilde görülen sistemdeki iletkenlerin geometrik yerleşim planına göre birim uzunluktaki her iletkenin Z_{ii} öz seri empedansları empedans matrisi Z' de köşegenlerde (diyagonal) bulunacaktır. Köşegen olmayan (diagonal olmayan) ortak indüktans elemanları Z_{ij} olacaktır. Bu durumda Z empedans matrisi simetrik olur ve $Z_{ij} = Z_{ji}$'dir. Şönt kapasite matrisini oluşturmak için ise önce Maxwell'in potansiyel-sabitleri matrisi, P'nin hesaplanması gerekir. Daha sonra bu matrisin tersi alınarak Y admitans matris elde edilir [68].

Şekil 5.11' de görülen sisteme göre; iletkenlerin yerden olan yükseklikleri, iletkenler arasındaki yatay mesafe, kompleks derinlik, iki toprak iletkeninin yarıçapı ve diğer fazların demet iletken olması durumu için eşdeğer yarıçapı değerlerine göre 8×8 boyutundaki Z ve Y matrisleri aşağıdaki gibidir,

$$Z = \begin{bmatrix} z_{11} & z_{12} & \cdots & z_{18} \\ z_{21} & z_{22} & \cdots & z_{28} \\ \vdots & \vdots & \ddots & \vdots \\ z_{81} & z_{82} & \cdots & z_{88} \end{bmatrix}, \qquad (5.74)$$

$$Y = \begin{bmatrix} y_{11} & y_{12} & \cdots & y_{18} \\ y_{21} & y_{22} & \cdots & y_{28} \\ \vdots & \vdots & \ddots & \vdots \\ y_{81} & y_{82} & \cdots & y_{88} \end{bmatrix}. \qquad (5.75)$$

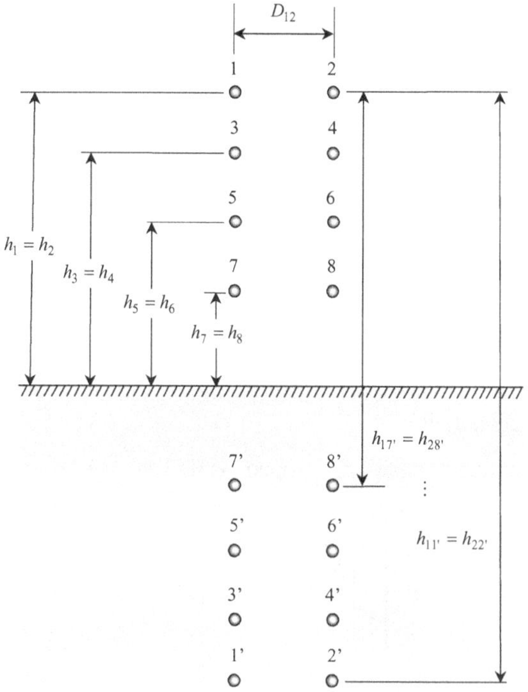

Şekil 5.11 Sekiz iletkenli durum için iletkenlerin yeryüzündeki görüntüleri ve iletkenler arasındaki mesafeler. 1,2 toprak iletkeni, 3,4,5,6,7,8 faz iletkenleri. h_i : i. iletkenin yüksekliği, $h_{ij'}$: i. iletken ile j. iletkenin görüntüsü arasındaki mesafe.

Bu matrisler elde edildikten sonra, *s*-domeninde yıldırım analizi yapmak için modal dönüşüm tekniği uygulanarak hiperbolik fonksiyonlar içeren *abcd* matrisinin elde edilmesi gerekir. Buna göre modal yayılım sabitini hesaplamak için köşegen Z_k, Y_k ve 8×8 boyutundaki dönüşüm matrisi T_z veya T_y bulunduktan sonra modal domendeki yayılım sabiti;

$$\gamma_k = \begin{bmatrix} \gamma_1 & 0 & \cdots & 0 \\ 0 & \gamma_2 & \cdots & 0 \\ \vdots & \vdots & \ddots & \vdots \\ 0 & 0 & \cdots & \gamma_8 \end{bmatrix} = \begin{bmatrix} \sqrt{Z_1 Y_1} & 0 & \cdots & 0 \\ 0 & \sqrt{Z_2 Y_2} & \cdots & 0 \\ \vdots & \vdots & \ddots & \vdots \\ 0 & 0 & \cdots & \sqrt{Z_8 Y_8} \end{bmatrix}, \tag{5.76}$$

şeklinde köşegen formda elde edilir. Yayılım sabiti hattın uzunluğuyla çarpıldıktan sonra, köşegen matris olduğundan dolayı doğrudan fonksiyonu alınarak $\cosh(\gamma_k l)$ aşağıdaki gibi bulunur,

$$\cosh(\gamma_k l) = \begin{bmatrix} \cosh(\gamma_1 l) & 0 & \cdots & 0 \\ 0 & \cosh(\gamma_2 l) & \cdots & 0 \\ \vdots & \vdots & \ddots & \vdots \\ 0 & 0 & \cdots & \cosh(\gamma_8 l) \end{bmatrix}, \tag{5.77}$$

ve $\sinh(\gamma_k l)$'de aynı benzer şekilde (5.76) eşitlik matrisinin doğrudan hiperbolik sinüsü alınarak hesaplanabilir.

Modal domeninde karakteristik empedans ifadesi,

$$Z_{0k} = \begin{bmatrix} Z_{01} & 0 & \cdots & 0 \\ 0 & Z_{02} & \cdots & 0 \\ \vdots & \vdots & \ddots & \vdots \\ 0 & 0 & \cdots & Z_{08} \end{bmatrix} = \begin{bmatrix} \sqrt{Z_1/Y_1} & 0 & \cdots & 0 \\ 0 & \sqrt{Z_2/Y_2} & \cdots & 0 \\ \vdots & \vdots & \ddots & \vdots \\ 0 & 0 & \cdots & \sqrt{Z_8/Y_8} \end{bmatrix}, \tag{5.78}$$

şeklinde elde edilir.

Köşegen olarak elde edilen modal büyüklüklerden faz büyüklüklerine geçmek için dönüşüm matrisiyle soldan ve tersiyle sağdan çarpılır ve aşağıdaki gibi elde edilir,

$$Z_0 = T_z Z_{0k} T_z^{-1}, \tag{5.79}$$

$$\cosh(\gamma l) = T_z \cosh(\gamma_k l) T_z^{-1}, \tag{5.80a}$$

$$\sinh(\gamma l) = T_z \sinh(\gamma_k l) T_z^{-1}. \tag{5.80b}$$

Z_0, $\cosh(\gamma l)$ ve $\sinh(\gamma l)$ elde edildikten sonra, iletim sisteminin tümüne eşdeğer olan Şekil 5.3'e göre hiperbolik *abcd* parametre ifadeleri,

$$\begin{bmatrix}[V_S]\\ [I_S]\end{bmatrix}=\begin{bmatrix}[\cosh(\gamma l)] & [(Z_0/2)\sinh(\gamma l)]\\ [(2/Z_0)\sinh(\gamma l)] & [\cosh(\gamma l)]\end{bmatrix}\begin{bmatrix}[V_R]\\ [I_R]\end{bmatrix}. \tag{5.81}$$

şeklinde yazılabilir.

5.6.1. Direğe Yıldırım Düşmesi Durumu

Çift devreli ve iki toprak iletkenli toplam sekiz iletkene sahip olan sistemde elektrik direğine yıldırım düşmesi durumunda, direğin tepesinde ve diğer fazlarda meydana gelen gerilim değerlerini bulmak için, öncelikle bu sistemin Kuplaj Katsayı Matrisinin hesaplanması gerekir. Sistemin Kuplaj Katsayı Matrisi elde edildikten sonra yıldırımın düştüğü noktadaki toplam admitans değerine göre direğin tepesinde indüklenen gerilim değeri bulunur. Bu gerilim hesaplandıktan sonra toprak iletkenindeki akım Kuplaj Katsayı Matrisi ile çarpılarak fazlardaki gerilim değerleri hesaplanabilir. Şekil 5.12' de sekiz iletkenli sistemde, yıldırımın elektrik direğinin tepe noktasına düşmesi durumundaki eşdeğer devresi verilmiştir.

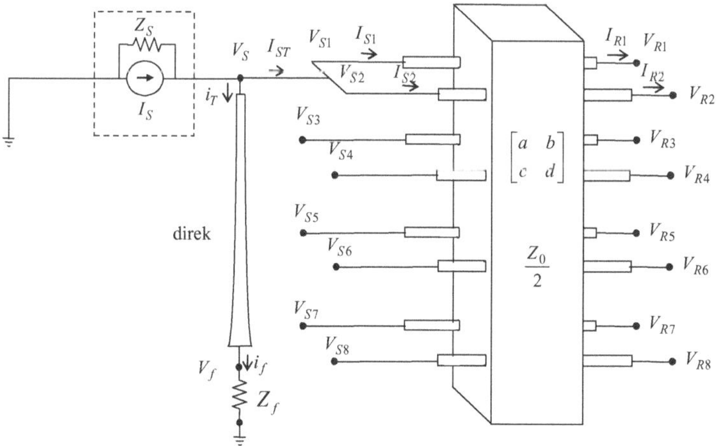

Şekil 5.12 Yıldırımın elektrik direğinin tepe noktasına düşmesi durumu için çift devreli iki koruma iletkenli sistemin eşdeğer devresi.

(5.81) denkleminde faz büyüklüklerine ait üssel *abcd* parametre ifadeleri Şekil 5.12'ye göre açık olarak yazılırsa,

$$\begin{bmatrix} V_{S1} \\ V_{S2} \\ \vdots \\ V_{S8} \\ \hline I_{S1} \\ I_{S2} \\ \vdots \\ I_{S8} \end{bmatrix}_{16\times 1} = \left[\begin{array}{cccc|cccc} a_{11} & a_{12} & \cdots & a_{18} & b_{11} & b_{12} & \cdots & b_{18} \\ a_{21} & a_{22} & \cdots & a_{28} & b_{21} & b_{22} & \cdots & b_{28} \\ \vdots & \vdots & \ddots & \vdots & \vdots & \vdots & \ddots & \vdots \\ a_{81} & a_{82} & \cdots & a_{88} & b_{81} & b_{82} & \cdots & b_{88} \\ \hline c_{11} & c_{12} & \cdots & c_{18} & d_{11} & d_{12} & \cdots & d_{18} \\ c_{21} & c_{22} & \cdots & c_{28} & d_{21} & d_{22} & \cdots & d_{28} \\ \vdots & \vdots & \ddots & \vdots & \vdots & \vdots & \ddots & \vdots \\ c_{81} & c_{82} & \cdots & c_{88} & d_{81} & d_{82} & \cdots & d_{88} \end{array}\right]_{16\times 16} \begin{bmatrix} V_{R1} \\ V_{R2} \\ \vdots \\ V_{R8} \\ \hline I_{R1} \\ I_{R2} \\ \vdots \\ I_{R8} \end{bmatrix}_{16\times 1}, \qquad (5.82)$$

denklemi elde edilir. Burada her ne kadar sekiz iletkenli sistem için elde edilen ifadeler verilmiş olsa da iletken sayısında sınırlama olmadan Kuplaj Katsayı Matrisini türetmek mümkündür.

5.6.1.1. Sekiz İletkenli Sistem için Kuplaj Katsayı Matrisi

Şekil 5.4 ve 5.12'ye göre, yıldırımın düştüğü anda *R* indisli akımlar ve I_{S1} ve I_{S2} dışında diğer *S* indisli akımlar sıfır alınabilir. Bu durumda (5.82) denklemi basitçe aşağıdaki gibi yazılabilir,

$$\begin{bmatrix} V_S \\ I_S \end{bmatrix} = \begin{bmatrix} A & B \\ C & D \end{bmatrix} \begin{bmatrix} V_R \\ 0 \end{bmatrix}. \qquad (5.83)$$

(5.83) denkleminden $[V_S]=[A][V_R]$ ve $[I_S]=[C][V_R]$ olarak yazılabilir. $[I_S]=[C][V_R]$' den $[V_R]=[C]^{-1}[I_S]$ değeri $[V_S]$' de yerine yazılırsa,

$$[V_S]=[A][C]^{-1}[I_S], \qquad (5.84)$$

elde edilir. Kuplaj Katsayı Matrisi $[E]=[A][C]^{-1}$, akım ve gerilim değerleri kullanılarak aşağıdaki denklem yazılabilir,

$$\begin{bmatrix} V_{S1} \\ V_{S2} \\ V_{S3} \\ \vdots \\ V_{S8} \end{bmatrix} = \begin{bmatrix} e_{11} & e_{12} & e_{13} & \cdots & e_{18} \\ e_{21} & e_{22} & e_{23} & \cdots & e_{28} \\ e_{31} & e_{32} & e_{33} & \cdots & e_{38} \\ \vdots & \vdots & \vdots & \ddots & \vdots \\ e_{81} & e_{82} & e_{83} & \cdots & e_{88} \end{bmatrix} \begin{bmatrix} I_{S1} \\ I_{S2} \\ 0 \\ \vdots \\ 0 \end{bmatrix}. \qquad (5.85)$$

5.6.1.2. Sekiz İletkenli Sistem için Yıldırım Akımı Cevabı

Çift devreli ve iki koruma iletkenli sistemde yıldırımın elektrik direğinin tepe noktasına düşmesi durumu için yıldırım akım yolu empedansı, direk admitansı ve denklem (5.85)'te elde edilen Kuplaj Katsayı Matrisinden faydalanarak Şekil 5.12'ye göre tepedeki gerilim hesaplanabilir. Önce direğin tepe noktasındaki toplam admitansı elde etmek için denklem (5.85)'e göre direğin tepe noktasındaki gerilim değerleri,

$$V_{S1} = e_{11} I_{S1} + e_{12} I_{S2}, \qquad (5.86a)$$

$$V_{S2} = e_{21} I_{S1} + e_{22} I_{S2}, \qquad (5.86b)$$

şeklinde yazılır. İki koruma iletkeninin yerden olan yükseklikleri diğer iletkenlere göre konumları ve iletkenin yarıçapları da tamamen birbirinin aynısı olduğu için ve aynı zamanda önceden de söylendiği gibi Z ve Y matrislerinin simetrik olması ve ona göre matematiksel işlem yapılması sonucunda, Kuplaj Katsayı Matrisi de simetriktir. Bunlara göre 1. ve 2. toprak iletkeninin kendi köşegen Kuplaj Katsayı Matrisi elemanları ve aynı zamanda matris simetrisi ve iletkenlerin geometrisinden 1. iletken ve 2. iletkenler arasındaki köşegen olmayan Kuplaj Katsayı Matrisi elemanları birbirine eşittir. Böylece,

$$e_{11} = e_{22}, \qquad (5.87a)$$

$$e_{12} = e_{21}, \qquad (5.87b)$$

eşitlikleri yazılabilir. Böylece 1. ve 2. koruma iletkeni için direğin tepe noktasındaki gerilimler de birbirine eşittir ($V_S = V_{S1} = V_{S2}$). Bu durum Şekil 5.12' den de açıkça görülmektedir. İki koruma iletkeninin bütün özellikleri aynı olduğu için üzerlerinden akan akımlar da birbirine eşittir ($I_{S1} = I_{S2}$) ve ana koldaki akımın yarısına eşittir. Sonuç olarak (5.86a,b) denklemlerindeki gerilim değeri koldaki akımlardan birinin değeri üzerinden,

$$V_{S1} = (e_{11} + e_{12})I_{S1} = (e_{21} + e_{22})I_{S1}, \tag{5.88}$$

şeklinde bulunur.

Direğin tepe noktasındaki toplam admitans değeri, yıldırım akım yolu empedansı, direk admitansı ve (5.88) denklemine göre aşağıdaki gibi yazılabilir,

$$Y(s) = \frac{1}{Z_S} + \frac{2}{e_{11} + e_{12}} + Y_t(s). \tag{5.89}$$

Yıldırım akımı sonucunda direğin tepe noktasındaki gerilim toplam admitans değerine göre,

$$V_S(s) = \frac{I_S(s)}{Y(s)}, \tag{5.90}$$

olarak bulunur ve koruma iletkeninin birinden geçen geçen I_{S1} akımı ise (5.84)' den,

$$I_{S1} = \frac{V_S}{e_{11} + e_{12}}, \tag{5.91}$$

olarak elde edilir. Bu akım değeri elde edildikten sonra diğer fazlarda indüklenen gerilim ifadeleri (5.85) Kuplaj Katsayı Matrisinden faydalanarak aşağıdaki gibi yazılabilir,

$$V_{S3} = (e_{31} + e_{32})I_{S1}, \tag{5.92a}$$

$$V_{S4} = (e_{41} + e_{42})I_{S1}, \tag{5.92b}$$

$$V_{S5} = (e_{51} + e_{52})I_{S1}, \tag{5.93a}$$

$$V_{S6} = (e_{61} + e_{62})I_{S1}, \tag{5.93b}$$

$$V_{S7} = (e_{71} + e_{72})I_{S1}, \tag{5.94a}$$

$$V_{S8} = (e_{81} + e_{82})I_{S1}. \tag{5.94b}$$

şeklinde bulunur. Faz iletkenlerinden 3 ile 4'ün, 5 ile 6'nın ve 7 ile 8'in bütün özellikleri birbiriyle aynı olduğundan toprak iletkenleri için önceden açıklanan durum bunlar için de geçerlidir. Dolayısıyla $V_{S3} = V_{S4}$, $V_{S5} = V_{S6}$ ve $V_{S7} = V_{S8}$'dir. Örnek olarak yıldırım akımı, toplam admitans ve Kuplaj Katsayı Matrisi elemanları cinsinden 3 numaralı üst fazda indüklenen gerilim,

$$V_{S3} = \frac{(e_{31} + e_{32})}{(e_{11} + e_{12})} \frac{1}{Y(s)} I_S(s), \tag{5.95}$$

olarak bulunabilir. Diğer fazlar için de benzer ifadeler sadece paydaki Kuplaj Katsayı Matrisi elemanları yerlerine yazılarak bulunur.

5.7. Elektrik Direğinin *s*-Domeninde Analizi

5.7.1. Direğin Herhangi bir Noktasındaki Gerilimin *s*-Domeninde Bulunması

Yerden uzaklığının değişmesiyle karakteristik empedansı değişen ve yere dik olan direğin, yıldırım analizi hesaplamalarında uniform olmayan hat olarak modellenmesi gerekir. Bu durumda, direğin uç denklemlerinin iletim hattı uç denklemlerine benzer olarak bulunabildiği Bölüm 3.4.2'de gösterilmiştir. Burada direğin karakteristik empedansı frekans bağımsız olarak alınarak, x_i - x_{i+1} aralığındaki karakteristik empedansı $Z_{oi} = (Z_o(x_i) + Z_o(x_{i+1}))/2$ şeklinde hesaplanır. Direkteki dalga yayılımı ışık hızında alınmıştır [38].

Belirli bir frekansta uniform olmayan iletim hattının uç denklemleri aşağıdaki gibi yazılabilir:

$$\begin{bmatrix} V_S \\ I_D \end{bmatrix} = \begin{bmatrix} A & B \\ C & D \end{bmatrix} \begin{bmatrix} V_f \\ I_f \end{bmatrix} \tag{5.96}$$

burada V_S, I_D direğin tepe noktasındaki ve V_f, I_f ise direğin temelindeki gerilim ve akımlarıdır. Toprak iletkenli bir elektrik direğinin üst noktasına yıldırım düştüğünde, direğin tepe noktasındaki gerilim ifadesi s-domeninde aşağıdaki gibi yazılabilir:

$$V_S = \frac{I_S(s)}{Y(s)} \tag{5.97}$$

burada $I_S(s)$ yıldırım akımı ve $Y(s)$ de yıldırım akımının düştüğü noktadan görülen toplam admitanstır. Sistemin eşdeğer modeli Şekil 5.13' de verilmiştir. Bu şekle göre yıldırım düşmesi sonrasında direğe enjekte olan akım I_D ve direğin herhangi bir x noktasındaki gerilim V_X ifadesi aşağıdaki gibi yazılabilir:

$$I_D = \frac{CZ_f + D}{AZ_f + B} V_S \tag{5.98}$$

$$V_X = dV_S - bI_D \tag{5.99}$$

burada Z_f direk topraklama direnci, {A,B,C,D} uniform olmayan iletim modelindeki direğin sabit matris elemanları ve {a,b,c,d} ise direğin tepesinden x noktasına kadar olan bölümün katsayı matrisinin elemanlarıdır.

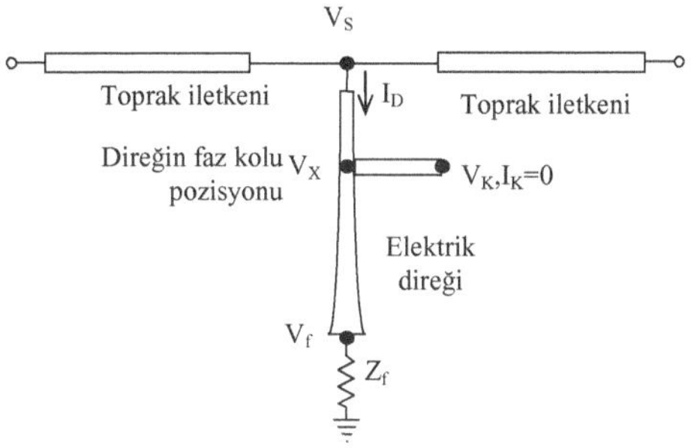

Şekil 5.13 Direğin x noktasındaki gerilimi hesaplamak için kullanılan eşdeğer devre.

V_X ve I_D bulunduktan sonra, direğin faz kolunun izolatöre bağlandığı noktadaki gerilimi (V_K) hesaplanmak istenirse bu durumda aşağıdaki denklem yazılabilir:

$$\begin{bmatrix} V_X \\ I_X \end{bmatrix} = \begin{bmatrix} A_K & B_K \\ C_K & D_K \end{bmatrix} \begin{bmatrix} V_K \\ 0 \end{bmatrix}. \tag{5.100}$$

Burada {A_K,B_K,C_K,D_K} faz kolunun parametreleridir ve yerden yüksekliği sabit olduğundan karakteristik empedansı sabittir ve yaklaşık 200 Ω civarındadır [52]. (5.100) denkleminden direğin izolatörün bağlandığı noktanın gerilimi aşağıdaki gibi bulunabilir:

$$V_K = D_K V_X - B_K I_X, \tag{5.101}$$

burada V_X (5.99) eşitliğindeki gibidir.

5.7.2. Çok Katlı Direk Modelinin s-Domeninde Gösterimi

Bölüm 4'te anlatılan çok katlı direk modeli iletim hatlarının bilgisayar ile analizinde kullanılmaktadır. Frekans domeninde çok katlı direk modeliyle yıldırım analizi yapmak için *s*-domenindeki gösteriminin elde edilmesi gerekir. Bunun için Şekil 5.14'te çok katlı direk modeli için kullanılan eşdeğer devresi [54] ve her bölümün *abcd* parametreli durumu gösterilmiştir.

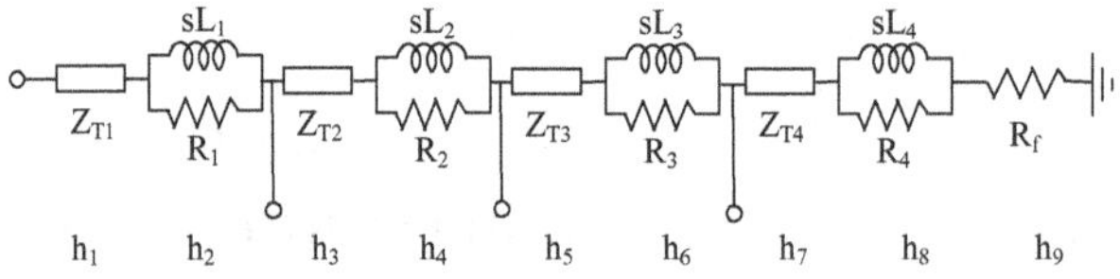

Şekil 5.14 s-domeninde çok katlı direk modeli için eşdeğer devre ve her bölümün h_n *abcd* parametrelerinin gösterimi.

Şekil 5.14'e görülen Z_{T1}, Z_{T2}, Z_{T3} ve Z_{T4} karakteristik empedansı olan l uzunluğundaki her bir iletken için *abcd* matrisleri h_1, h_3, h_5 ve h_7 aşağıdaki gibi yazılabilir,

$$h_i = \begin{bmatrix} \cosh \gamma l & Z_{Ti} \sinh \gamma l \\ Z_{Ti}^{-1} \sinh \gamma l & \cosh \gamma l \end{bmatrix}. \quad (i=1,3,5,7) \tag{5.102}$$

Birbirine paralel olan her bir direnç indüktans grubu için *abcd* matrisleri h_2, h_4, h_6 ve h_8,

$$h_i = \begin{bmatrix} 1 & \dfrac{sL_i R_i}{R_i + sL_i} \\ 0 & 1 \end{bmatrix}. \quad (i=2,4,6,8) \tag{5.103}$$

olarak elde edilir. Direğin topraklama direncinin h_9 için ise (5.103) denklemindeki eşdeğer empedans yerine sadece R_f yazılır. Direğin tamamı için *abcd* matrisini elde etmek için her bölümün *abcd* matrisleri aşağıdaki biçimde çarpılır ve sonuçta,

$$\begin{bmatrix} A & B \\ C & D \end{bmatrix} = h_1 h_2 \cdots h_9 \,. \tag{5.104}$$

bulunur. Yukarıdaki denklemde, direğin *abcd* matrisi elde edildikten sonra, (5.6) denklemine benzer olarak çok katlı direk modeli için, direğin tepesinden görülen toplam admitans ifadesi,

$$Y_t(s) = DB^{-1}. \tag{5.105}$$

olarak hesaplanır. Yukarıdaki denklem $V_R = 0$ için geçerli olup çok katlı modeldeki toprak noktasına karşılık gelmektedir.

5.8. Sonuç

Bu bölümde, iletim hatlarına yıldırım düşmesi durumunda sistem cevabının *s*-domeninde hesaplanması için kullanılan teknikler sunuldu. Buna göre modal dönüşüm tekniği kullanılarak iletim sisteminin temel denklemleri çözüldü ve Kuplaj Katsayı Matrisi kavramı önerildi. İki iletkenli, üç fazlı dört iletkenli ve çift devreli sekiz iletkenli durum için Kuplaj Katsayı Matrisi elde edildi. Bu teknikle, ele alınan bir sistemin kaç iletkenli olursa olsun Kuplaj Katsayı Matrisi'nin hesaplanmasıyla kolaylıkla analiz edilebildiği gösterildi. Sistemin Kuplaj Katsayı Matrisi hesaplandıktan sonra yıldırımın düştüğü noktada toplam admitans ifadesi yazıldı ve sadece yıldırım akımına bağlı olan denklemler elde edildi. İstenilen fazdaki ve yıldırımın düştüğü noktadaki gerilim değerlerinin hesaplanması için gerekli matematiksel ifadeler verildi. Ayrıca elektrik direğinin herhangi bir noktasındaki gerilim ve akım değerlerinin *s*-domeninde hesaplanması için gerekli matematiksel formüller çıkarılarak bilgisayar analizine uygun hale getirildi. Diğer taraftan çok katlı direk modelinin *s*-domeninde gösterimi verildi.

6. FREKANS-ZAMAN DOMENİ DÖNÜŞÜMÜ

6.1. Giriş

İletim sistemlerinde yürüyen dalgaların analizi problemlerinde kullanılan ters Laplace veya Fourier dönüşümlerinin nümerik olarak yapılması gereklidir. Bunun için ilk adım olarak sistemin frekans domenindeki cevabı hesaplanır. Sistemde bulunan frekansa bağımlı parametreler modele dahil edilebilir. Daha sonra ise nümerik ters Laplace veya Fourier dönüşümleri kullanılarak frekans bölgesinden zaman bölgesine geçilir. Geleneksel Laplace ve Fourier dönüşümleri bilgisayar hesaplama zamanlarının uzun olmasından dolayı tercih edilmezler. Bu nedenle bu çalışmasında, bilgisayar hesaplama zamanı kısa olan ve Hosono tarafından geliştirilen hızlı ters Laplace dönüşümü [48] kullanılmıştır. Bu bölümde hızlı ters Laplace dönüşümünden ayrıntılı olarak bahsedilecek ve karşılaştırma için bir örnekte kullanılan modifiye edilmiş Fourier dönüşümü verilecektir.

6.2. Hızlı Ters Laplace Dönüşümü (FILT)

İletim hatlarının analizi için Hosono tarafından geliştirilen ve kısaca FILT (Fast Inverse Laplace Transforms) olarak isimlendirilen hızlı ters Laplace dönüşümü güç sistemleri için elverişli bir yöntemdir [48]. Bir *f(t)* fonksiyonun Laplace dönüşümü *F(s)* ve bu işlemin tersi olan ters Laplace dönüşümü aşağıdaki şekilde ifade edilir:

$$F(s)=\int_0^\infty f(t)\exp(-st)dt, \tag{6.1}$$

$$f(t)=\frac{1}{2\pi j}\int_{\gamma-j\infty}^{\gamma+j\infty} F(s)\exp(st)ds. \tag{6.2}$$

Bir yayılım ortamında yürüyen dalgaların analiz problemini, klasik ters Laplace dönüşümü kullanarak çözmek zordur. Ters Laplace dönüşümü ya tablolar kullanılarak, Cauchy' nin entegral teoremi ya da nümerik hesaplamalarla bulunabilir. (6.2) deki exponansiyel fonksiyon *exp(s)* aşağıdaki yaklaşık fonksiyonla verilebilir,

$$E_{ec}(s,a) = \exp(a)/2\cosh(a-s),$$

$$= (e^{a}/2)\sum_{n=-\infty}^{\infty} j(-1)^{n}/[s-a-j(n-0.5)\pi],$$

$$= e^{s} - e^{-2a}e^{3s} + e^{-4a}e^{5s} - \cdots. \qquad (6.3)$$

Nümerik ters Laplace fonksiyonunu hesaplarken *F(s)* aşağıdaki şartları sağlamalıdır [48]:

1) *F(s), Re s>0* şartı için tanımlıdır,

2) *F(s)* düzenlidir,

3) Eğer $|s| \to \infty$ ise, $F(s) \to 0$,

4) *F*(s)=F(s*)*.

Burada $*$ kompleks eşleniği göstermektedir. (6.3)' ün kullanılmasıyla, ters Laplace dönüşümü aşağıdaki gibi yaklaşık eşitliklerle verilebilir,

$$f_{ec}(t,a) = \frac{1}{2\pi j}\int_{\gamma-j\infty}^{\gamma+j\infty} F(s)E_{ec}(st,a)ds \ , \qquad (6.4)$$

$$f_{ec}(t,a) = f(t) - e^{-2a}f(3t) + e^{-4a}f(5t) - \cdots \ , \qquad (6.5)$$

$$f_{ec}(t,a) = (e^{a}/t)(F_1 + F_2 + F_3 + \cdots) \ . \qquad (6.6)$$

Burada

$$F_n = (-1)^n \operatorname{Im} F\{[a + j(n-0.5)\pi]/t\} \qquad (6.7)$$

şeklindedir. *a>>1* olduğu zaman, (6.5) denklemindeki $f_{ec}(t,a)$, *f(t)*'ye oldukça iyi bir yaklaşım gösterir. (6.6)'da ilk *k-1* terimleri sonsuz seri için Euler dönüşümünün uygulanmasıyla (6.6)'dan daha hızlı yakınsayan aşağıdaki seri elde edilir,

$$f_{ec}(t,a) = (e^{a}/t)\left(\sum_{n=1}^{k-1} F_n + \sum_{n=0}^{\infty} D^n F_k / 2^{n+1}\right). \qquad (6.8)$$

Burada

$$D^0 F_k = F_k, \quad D^{n+1} F_k = D^n F_k + D^n F_{k+1} \tag{6.9}$$

şeklinde verilir. Pratikte, sonsuz seriler belli şartlar sağlandığında uygun bir yerde kesilebilir. Bu kesilen kısmın hatası serideki terimlere göre çok küçük olmalıdır. Euler dönüşümü serilerin yakınsamasını hızlandırmak için kullanılır. Genellikle 20-30 terim alındığında yeterli sonuca ulaşılmaktadır. Sonsuz serilerin kesilmesi ile, daha uygun olan aşağıdaki ifade kullanılabilir,

$$\sum_{n=0}^{p} D^n F_k / 2^{n+1} = (1/2^{p+1}) \sum_{n=0}^{p} A_{pn} F_{k+n} \tag{6.10}$$

Yukarıdaki denklemlerde A_{pn} sabitleri, tekrarlılık gösteren ifadelerle aşağıdaki gibi tanımlanmıştır,

$$A_{pp} = 1, \quad A_{pn-1} = A_{pn} + \binom{p+1}{n}. \tag{6.11}$$

Bu denklemde ( ) işareti kombinasyonu ifade etmektedir.

Yukarıda anlatılan bilgiler ışığında, aşağıdaki eşitlik Laplace dönüşümünün tersini nümerik olarak hesaplamak için kullanılabilir [48],

$$f_{ec}^{kp}(t,a) = (e^a / t) \left[\sum_{n=1}^{k-1} F_n + (1/2^{p+1}) \sum_{n=0}^{p} A_{pn} F_{k+n} \right]. \tag{6.12}$$

Sonsuz serideki kesme hatasının üst sınırı

$$R^{kp} = (e^a / t) \left| D^{p+1} F_k \right| / 2^{p+1}, \tag{6.13}$$

şeklinde verilir. Yaklaşık hata ise

$$\left| f_{ec}(t,a) - f(t) \right| = \left| e^{-2a} f(3t) - e^{-4a} f(5t) + e^{-6a} f(7t) - \cdots \right|. \tag{6.14}$$

eşitliğinde olduğu gibidir. Eğer $f(t)$, M ile sınırlandırılırsa, $t>0$ için, (6.14) denklemi $|f(t)| \le M$ şeklinde azalır ve

$$\left|f_{ec}(t,a)-f(t)\right| \leq Me^{-2a} / \left|1-e^{-2a}\right| = Me^{-2a}, \quad (6.15)$$

olarak elde edilir. Bu durumda göreceli hata *exp(-2a)*'dan daha küçük olur. Örnek olarak eğer a=3 alınırsa, göreceli hata % 0.25 den daha az olur.

6.3. Fourier Dönüşümü

Özellikle basamak ve rampa fonksiyonlarının kullanıldığı geçici durum hesaplamalarında, standart Fourier dönüşümünün yakınsama problemi modifiye edilmiş Fourier dönüşümü kullanılarak giderilir [16,101]. Bir $f(t)$ fonksiyonunun ters Fourier dönüşümü,

$$F(a+j\omega) = \int_0^{\infty} f(t)\exp[-(a+j\omega)t]dt, \quad (6.16)$$

olarak gösterilir. Bu işlemin tersi ise,

$$f(t) = (\frac{1}{2\pi})\int_{-\infty}^{\infty} F(a+j\omega t)\exp[(a+j\omega)t]d\omega \quad (6.17)$$

şeklinde verilir. Burada "*a*" bir sabit olup, $a = 1/t$ olarak alınır. (6.17) eşitliğinin değerlendirilmesi, sınırlı bir bölgede [0,Ω] entegral sınırlarının başlangıç ve sonunun belirlenmesiyle yapılır [16]. Bu işlem sonucunda oluşan Gibb's salınımlarını gidermek için 'Pencere Fonksiyonları' kullanılır. Böylece eşitlik (6.17) aşağıdaki gibi yeniden düzenlenir,

$$f(t) = \mathrm{Re}\left\{\frac{\exp(at)}{\pi}\int_0^{\Omega} \sigma(a,\omega)F(a+j\omega)\exp(j\omega t)d\omega\right\} \quad (6.18)$$

Bu fonksiyon bilgisayarda nümerik olarak yamuk veya Simpson yöntemi kullanılarak çözülür. FILT ile karşılaştırma hesabında kullanılan 'Pencere Fonksiyonu' aşağıda verildiği gibidir [101],

$$\sigma(a,\omega)=\frac{\sin(\frac{\omega\pi}{f_{max}})}{(\frac{\omega\pi}{f_{max}})}. \qquad (6.19)$$

6.4. Sonuç

İletim hattının zaman domeni çözümüne geçmek için kullanılan FILT tekniği ve Fourier dönüşümü verildi. FILT uygulanırken (6.12) eşitliğindeki *f(t)*'yi hesaplamak için öncelikle *a, k* ve *p*'nın uygun değerlerinin seçilmesi gerekmektedir. *a* için belirlenen uygun değerler 3 ve 5 aralığıdır [19,20,38-40,43-46], *p* ve *k (>p)* kesme hatasını giderecek şekilde uygun değerlerde seçilir. Bu katsayılar için uygun değerler a =5, p=15 ve k=20'dir. Uygulamada yalnız hat sonu geriliminin hesaplanmasında, sonuçların doğruluk derecesini yükseltmek için a=5, p=20 ve k=30 değerleri kullanılmıştır.

7. BİLGİSAYAR PROGRAMI

7.1. Giriş

Uniform olmayan iletim hatlarını içeren güç sistemlerinin yıldırım geçici rejim analizini hızlı ters Laplace dönüşümü kullanarak yapmak için, Bölüm 3, 4, 5 ve 6'daki teorik bilgiler temelinde "SDTAP (s-Domain Transient Analysis Program)" bilgisayar programı geliştirilmiştir. SDTAP programı MATLAB kullanılarak hazırlanmıştır. Teknik hesaplama dili olarak tanımlanan MATLAB kolay program yazılımı, bilimsel problemlere yatkınlığı, sistemlerin analizi için yüksek performanslı sayısal hesaplama ve ileri seviyede grafik oluşturma-görüntüleme işlemleri için hesaplama ortamları sunmaktadır [74]. Ayrıca, EMTP'deki giriş bilgilerinin hazırlanmasındaki zorlukları ortadan kaldırmak ve direkleri kolayca modellemek için MATLAB'da yardımcı bir program hazırlanmıştır. "EMTPMAT" olarak adlandırılan bu yardımcı programla frekans domeninde elde edilen sonuçların EMTP ile karşılaştırılması imkanını sağlamaktadır. Karşılaştırma için EMTP'nin Microtran versiyonu kullanılmıştır.

7.2. SDTAP Programının Genel Yapısı

Hazırlanan program ile *s*-domeninde sistemin matematiksel modeli kullanılarak bu model temelinde sistemin yıldırım dalgası geçici durum analizi gerçekleştirilebilmektedir. Programlamanın sade ve anlaşılır olması için alt programlar kullanılmıştır. SDTAP programının akış şeması Şekil 7.1'de verilmiştir. Akış şemasından da görüldüğü gibi, program temel olarak giriş bilgileri, *s*-domeninde modelleme ve ters Laplace dönüşüm işlemi adımlarından oluşmaktadır. $H(s)$, hat ve direk parametrelerini içeren ve yıldırım akımının dalga şekline göre hesaplanması istenen akım veya gerilim değeridir. İstenen değer zaman domenine dönüştürülerek, programın son adımında grafik halinde verilmektedir.

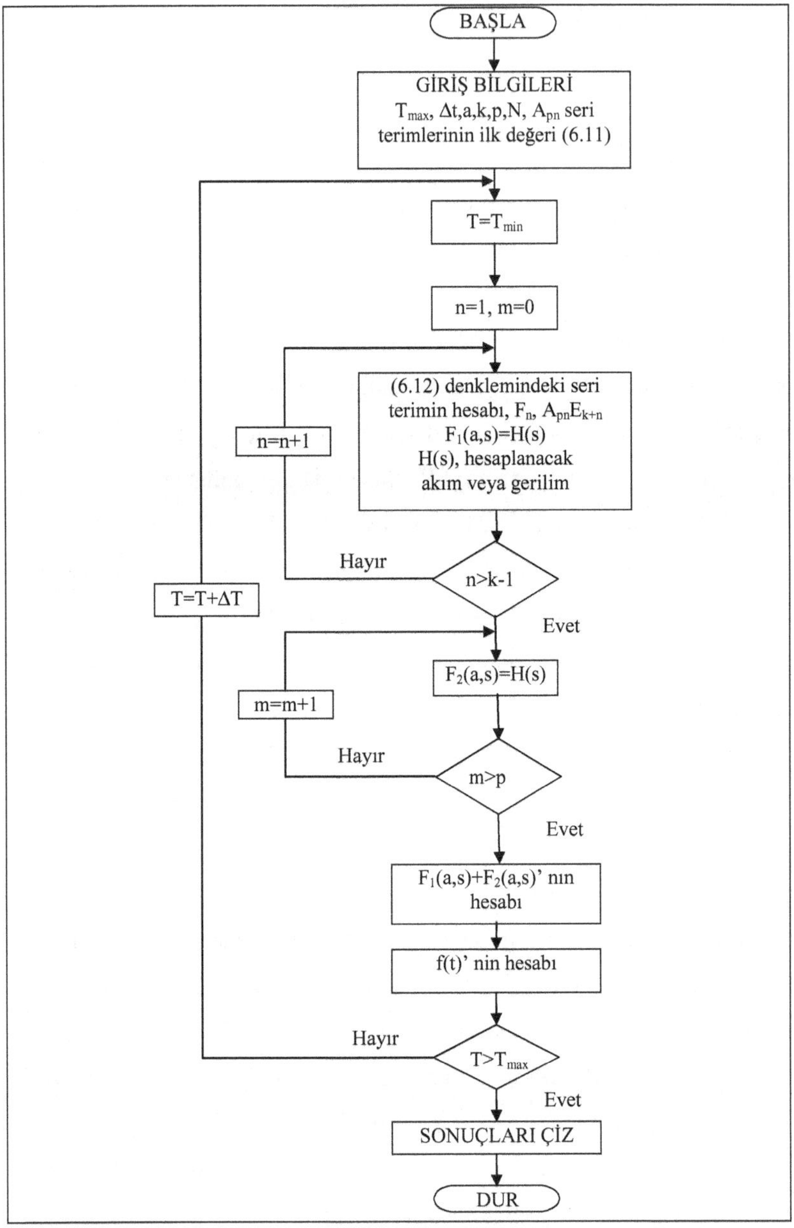

Şekil 7.1 SDTAP programının akış şeması.

7.3. SDTAP Programının Alt Programları

Programlama dillerinde kullanılan kolaylıklardan biri de alt program ve fonksiyonların kullanılmasıdır. Yardımcı programların kullanılması ile ana program daha anlaşılır ve kolay hale gelir. Şekil 7.2'de ana program tarafından çağrılan programlar ve aralarındaki ilişki verilmiştir. SDTAP ana programı alt programları çağırarak *s*-domeninde analiz işlemini gerçekleştirir ve sonuçta elde edilen zaman domeni çözümünün grafik ortamda çizdirilmesi işlemini yapar.

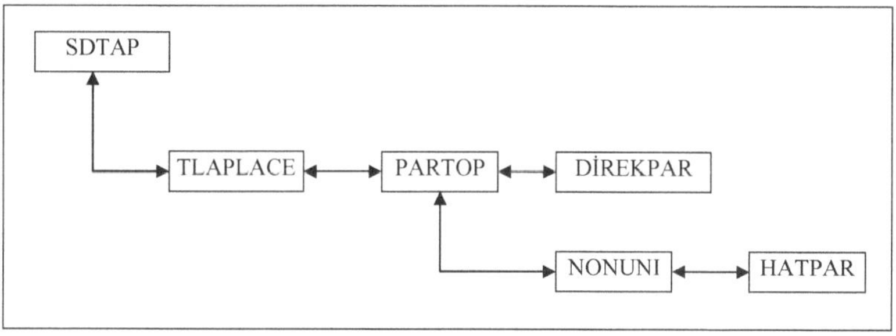

Şekil 7.2 Ana programla çağrılan alt programlar.

TLAPLACE Bu alt program, diğer alt programlardan gelen frekans bölgesindeki bilgilerin ters Laplace dönüşümünü alır ve ana programa gönderir. Burada T_{max}, N adım sayısı, direğin modeline göre karakteristik empedansı ve ters dönüşümü elde etmek için kullanılan a, k, p parametreleri girişte verilir. Bu alt program 6. Bölümdeki (6.11) denklemindeki hesaplamayı yaptıktan sonra Δt adımı için (6.12) denklemindeki toplamları alarak zaman domeni çözümünü bulur. Alt programın yazılışı aşağıdaki gibidir,

```
function [tv,ft]=tlaplace( )
```

burada *tv* zamanı ve *ft* ise (6.12) denklemindeki toplamı yani *f(t)*'yi gösterir.

PARTOP Bu alt program direk parametrelerinin DİREKPAR ve hat parametrelerinin NONUNI alt programlarından gelen bilgileri yıldırımın düştüğü noktaya göre frekans domeninde toplayarak, Bölüm 5'deki (5.25) eşitliğinde olduğu gibi yıldırım akımı ile ilişkilendirir ve hangi bilginin ters Laplace dönüşümü alınacaksa onu TLAPLACE alt programına gönderir. Bu alt programın yazılışı aşağıdaki gibidir,

[fs]=partop(zot,s,nst,dxt)

burada *zot* direğin yüksekliğine göre değişen karakteristik empedansını, *s* frekansı, *nst* direğin bölünen uniform hat sayısı ve *dxt* ise direğin her bölmesinin uzunluğunu göstermektedir. Önceki alt programa gönderilen *fs* ise zaman domenine dönüştürülmesi istenen büyüklüktür (direk tepe gerilimi, direk akımı, toprak iletkeni akımı, izolatör gerilimi, fazlarda endüklenen gerilim vb gibi).

DİREKPAR Bu alt program, Bölüm 4'te anlatılan prosedüre göre uniform olmayan iletim hattı tipinde modellenen direğin, yüksekliğe göre değişen karakteristik empedansını her bir bölünen parçası için kullanarak, yayılım sabitiyle beraber her bölmenin ABCD parametresini birbiriyle çarpar ve sonuçta direğin toplam ABCD parametresini hesaplayarak PARTOP alt programına gönderir. Bu alt programın yazılışı aşağıdaki gibidir,

[cv]=direkpar(zot,s,csh,snh,nst,dxt)

burada *zot*, *s*, *nst* ve *dxt* önceden tanımlandığı gibi, *csh* ve *snh* ise direğin ABCD parametresini hesaplamak için kullanılan hiperbolik kosinüs ve hiperbolik sinüs fonksiyonlarını göstermektedir. *cv* ise direğin toplam ABCD matrisidir.

NONUNI Bu alt program, iletim hattının uniform olmayan yapıda modellenmesi için HATPAR alt programından gelen hat parametrelerini, hattının bölünen her bir bölmesi için hesaplar ve birbiriyle çarparak hattın toplam ABCD parametresini bulur. Hattın toplam ABCD parametrelerinden KKM matrisini hesaplayarak PARTOP alt programına gönderir. Bu alt programın yazılışı aşağıdaki gibidir,

[e]=nonuni(s)

burada *s* frekans ve *e* ise KKM matrisidir.

HATPAR Bu alt program ise NONUNI programından gelen iletkenlerin her bölümünün eğimli kısımları da dikkate alarak iletim hattının parametrelerini, iletkenlerin yüksekliği ve yarıçapına göre 3. Bölümde anlatılan prosedürdeki gibi hesaplayıp, modal dönüşüm tekniğini kullanarak iletim hattının her bir bölünen birim uzunluğu için toplam ABCD matrisini hesaplar ve sonuçta o bölümün karakteristik empedans ve yayılım sabitini NONUNI alt programına gönderir. Bu alt programın yazılışı aşağıdaki gibidir

[Zo,gama]=hatpar(s,x,ds)

burada *s* frekans, *x* iletkenin bölünen her bir bölümünün uzunluğu ve *ds* iki direk arası uzunluktur. Z_0 ve *gama* ise sırasıyla bölünen her bir bölmenin karakteristik empedansı ve yayılım sabitidir.

7.4. EMTPMAT Programı

MATLAB'da yapılan EMTPMAT (MATLAB kulanarak EMTP giriş dosyalarını oluşturan program) adlı programla iletim hattının geometrisi, direğin modeli, toprak ve faz iletkenlerinin fiziksel özellikleri, yıldırım akımının özelliği vb gibi özellikler dışarıdan verilerek, sonuçta bu özellikteki iletim sisteminin EMTP'de çalışmaya hazır programı çıkışta DOSYA_ADI.DAT uzuntılı olarak verir. Bilindiği gibi EMTP'de program yazmak için, önce devre modelinin çizilmesi, düğümlerin numaralandırılması ve düğümlere bağlı elemanların özelliklerinin (karakteristik empedans, yayılım sabiti, uzunluğu vb), program el kitabında yazıldığı düzende bir dosyaya yazılması gerekmektedir. Bu işlem hem zaman alıcı hem de küçük bir hatanın dahi ayıklanmasının zor olmasından dolayı, yanlış yazılmaması gerekir. Yapılan EMTPMAT programı vasıtasıyla, değişik yapıdaki iletim sistemlerini EMTP'de analiz etmek için çok az bir zaman harcanarak gerçekleştirilebilir.

Zaman domeni ve frekans domenindeki sonuçların karşılaştırılması açısından da EMTPMAT programı önemlidir. Frekans domeninde yıldırım analizi yapıldıktan sonra, bunun doğruluğunu test etmek için, kısa bir zaman içinde EMTP ile arabirimlenmiş sayılan EMTPMAT programına verileri girerek EMTP'de çalışacak program hazır hale gelmiş olur. Şekil 7.3'te yıldırım analizi için iletim hattının parametrelerini hesaplamakta kullanılan örnek iki direk tipi için iletkenlerin konumları ve geometrisi verilmiştir.

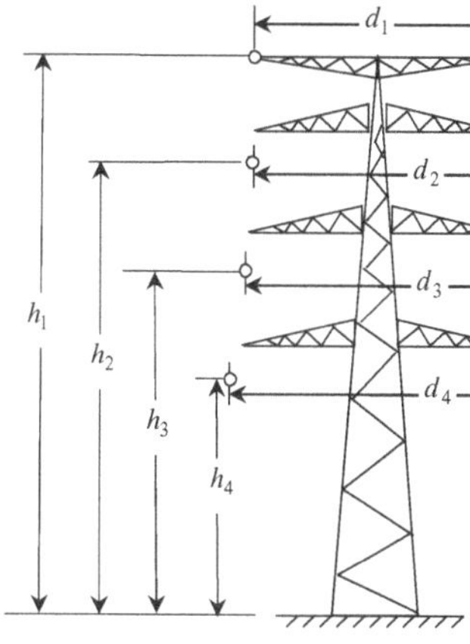

(a)

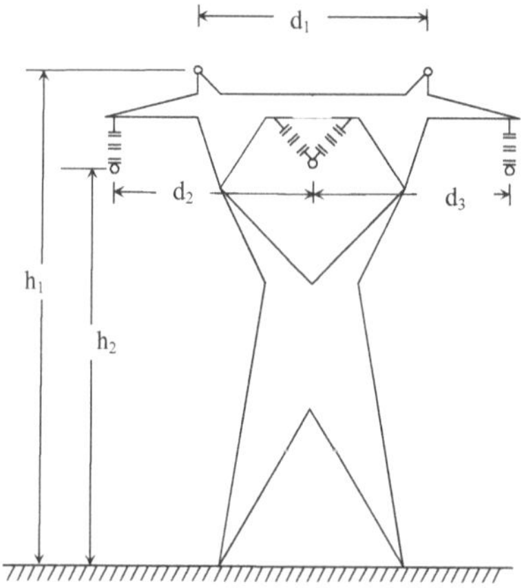

(b)

Şekil 7.3 İletim hattının parametrelerini SDTAP ve EMTPMAT programlarında hesaplamak için kullanılan örnek iki direk tipi ve programların girişinde kullanılan parametreler. a) 8 iletkenli sistem, b) 5 iletkenli sistem.

Programa giriş olarak yukarıdaki şekilde görülen h ve d parametreleri, iletkenlerin yarıçapları r, iletkenlerin uzunlukları l, direğin bölünen parçası k, direğin topraklama direnci Z_f, yıldırım akım kaynağı iç direnci Z_s, akım kaynağının tipi ve direğin modeli verilerek çıkışta DAT uzantılı EMTP'de çalışmaya hazır bilgileri girilen sistemin programı alınır. Örneğin 8 iletkenli sistem için yukarıdaki giriş bilgileri sayısal olarak verilmiş ve bu varsayımlar ışığında aşağıda verilen Şekil 7.4'deki EMTP'de çalışmaya hazır program dosyası elde edilmiştir.

EMTPMAT.DAT

```
C İletim Hatlarının EMTP Dosyasının MATLABDAN olusturulması Programı
YILDIRIMIN DIREGE DUSMESI DURUMU                                    50
0.1E-8  1.5E-6   15   5
-1JAG1  S001        0.0  220.0  3.E8  6.3 1
-1S001  S002        0.0  212.2  3.E8  6.3 1
-1S002  S003        0.0  204.4  3.E8  6.3 1
-1S003  S004        0.0  196.7  3.E8  6.3 1
-1S004  S005        0.0  188.9  3.E8  6.3 1
-1S005  S006        0.0  181.1  3.E8  6.3 1
-1S006  S007        0.0  173.3  3.E8  6.3 1
-1S007  S008        0.0  165.6  3.E8  6.3 1
-1S008  S009        0.0  157.8  3.E8  6.3 1
-1S009  S010        0.0  150.0  3.E8  6.3 1
0S010             17.0
0JAG1             400.0
-1JAG1  LIN1        0.0  557.5  3.E8  300  1  8
-2JAG1  LIN2        0.0  250.2  3.E8  300  1
-3FAZ3  LIN3        0.0  209.0  3.E8  300  1
-4FAZ4  LIN4        0.0  151.1  3.E8  300  1
-5FAZ5  LIN5        0.0  130.5  3.E8  300  1
-6FAZ6  LIN6        0.0  118.6  3.E8  300  1
-7FAZ7  LIN7        0.0  106.8  3.E8  300  1
-8FAZ8  LIN8        0.0  109.8  3.E8  300  1
0.4590   -0.6528   -0.4495   0.1860   -0.2579   -0.1544
-0.1244   0.1441
0.4590    0.6528   -0.4495  -0.1860   -0.2579    0.1544
0.1244    0.1441
0.3697   -0.2418   -0.0009  -0.1777    0.4156    0.4158
0.4869   -0.4366
0.3697    0.2418   -0.0009   0.1777    0.4156   -0.4158
-0.4869  -0.4366
0.3134   -0.1101    0.3438  -0.4715    0.2276    0.2574
-0.4465   0.4814
0.3134    0.1101    0.3438   0.4715    0.2276   -0.2574
0.4465    0.4814
0.2333   -0.0576    0.4239  -0.4600   -0.4572   -0.4869
0.2193   -0.2385
0.2333    0.0576    0.4239   0.4600   -0.4572    0.4869
-0.2193  -0.2385


11 JAG1 -1  2.0                         2e-008

JAG1  FAZ3  FAZ4  FAZ5  FAZ6  FAZ7  FAZ8
```

Şekil 7.4 EMTPMAT programından elde edilen EMTP'de çalışmaya hazır program.

7.5. Sonuç

Enerji iletim sistemlerinde yıldırım nedeniyle oluşan aşırı gerilimler *s*-domeni formülasyonu kullanılarak MATLAB'da hesaplanması için geliştirilen SDTAP programı tanıtıldı. Program kullanılarak direğin tepesindeki gerilim, direk akımı, toprak iletkeni akımı, izolatör gerilimi, fazlarda indüklenen gerilimler hesaplanmaktadır. Ayrıca hazırlanan EMTPMAT programıyla SDTAP programı ve EMTP arabirimlenmiştir.

8. SONUÇLAR

8.1. Giriş

Bu bölümde, önceki bölümlerde verilen teorik bilgilerden faydalanılarak hazırlanan SDTAP programının çeşitli pratik örneklere uygulanması ile elde edilen sonuçlar verilmiştir. Analiz sonuçlarından bir bölümü EMTP programından elde edilen sonuçlarla karşılaştırılmıştır. Birinci örnekte FILT ile klasik Fourier dönüşümü sonuçları bilinen bir fonksiyon için karşılaştırılmıştır. İkinci örnekte direğin tepesine yıldırım düşmesi durumunda, toprak iletkeni ve faz iletkenleri arasındaki manyetik indüklenme ile elde edilen sonuçlar verilmiştir. Üçüncü örnekte ise, genelleştirilmiş durumda toprak iletkeniyle üç fazın tümü birlikte analiz edilmiştir. Önerilen yöntemin, daha karmaşık yapıdaki iletim sistemleri için yıldırım analizinde kullanılabilirliliğini göstermek için ise, diğer örneklerde farklı yapılardaki sistemler ele alınmıştır. Ardından, faz iletkenine yıldırım düşmesi durumunda meydana gelen aşırı gerilimler verilmiştir Son örnekte ise frekans bağımlı parametrelerin ve uniform olmayan iletim hattı yapısının hat üzerinde yayılan yıldırım dalgası üzerindeki etkisi incelenmiştir. Hızlı ters Laplace dönüşümü (FILT) kullanılarak hazırlanan SDTAP programı analiz için yeterli doğruluktaki sonuçları verdiği görülmüştür.

8.2. Örnek-1. Fourier Dönüşümü ve FILT'ın karşılaştırılması

Bu örnekte Fourier ve hızlı ters Laplace dönüşümleri, analitik çözümü bilinen bir fonksiyona uygulanarak bu yöntemlerin bilgisayar zamanı açısından karşılaştırılması yapılmış ve uygulamada kullanılan adım sayısı ve frekans sınırı gibi bazı parametrelerin etkisi incelenmiştir. Frekans domeninde,

$$F(s) = \frac{e^{-0.5\times10^{-3}s}}{s} \tag{8.1}$$

biçiminde ifade edilen fonksiyonun zaman domenindeki karşılığı bilindiği gibi $u(t-0.5\times10^{-3})$ 'dir. Bu işaret çok yüksek frekansta bileşenler içerdiği için seçilmiştir.

Ters Fourier dönüşümü uygulanarak, denklem (6.18)'de verilen $\Omega=\omega_{max}$ çeşitli nümerik integral sınır değerleriyle bulunan eğriler Şekil 8.1'de verilmiştir. Şekildeki eğriler n=1000 için, $\omega_{max}=0.5\times10^5$, 1×10^5 ve 5×10^5 rad/s alınarak elde edilmiş ve CPU zamanları sırasıyla 3.95, 4.56, 5.88 s (saniye) olarak tespit edilmiştir. Hesaplama zamanı MATLAB'taki cputime alt programıyla belirlenmiştir. Şekilde $\omega_{max}=5\times10^5$rad/s alınarak elde edilen eğrinin çözümden uzak olduğu görülmektedir. Buna karşın, $\omega_{max}=1x10^5$ rad/s ve $\omega_{max}=0.5\times10^5$ rad/s değerleri ile elde edilen sonuçlar arasında bir uyum gözlenmektedir.

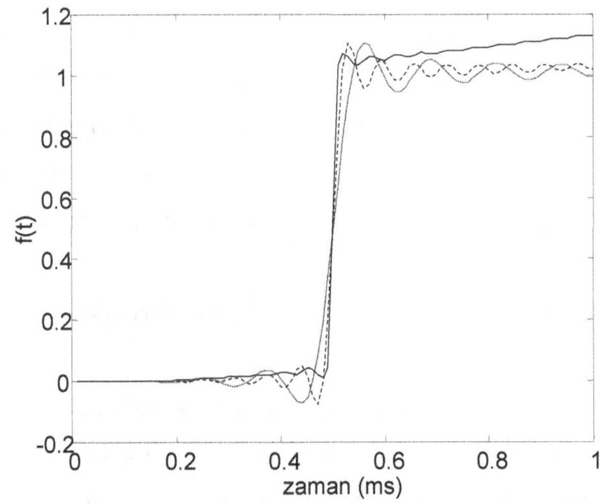

Şekil 8.1 $F(s)=e^{-0.5x10^{-3}s}/s$ fonksiyonunun, Fourier dönüşümü kullanılarak n=1000 için ω_{max} değerine bağlı olarak elde edilen *f(t)* zaman domeni değişim eğrisi.
— $\omega_{max}=5\times10^5$ rad/s, --- $\omega_{max}=1\times10^5$ rad/s, ····· $\omega_{max}=0.5\times10^5$ rad/s.

Şekil 8.2'de $\omega_{max} = 1\times10^5$ rad/s alınarak *n* değerine (nümerik entegral için kullanılan adım sayısı) bağlı olarak sonuçlardaki değişimin gözlenmesi amaçlanmıştır. Bu uygulamada adım sayısı n=100, 500 ve 1000 olarak alınmış ve CPU zamanları sırasıyla 0.55, 2.85, 5.82 s olarak ölçülmüştür. 100 adım sayısı için bilgisayar hesaplama zamanının daha kısa olmasına rağmen, sonuçların gerçek çözümden uzak olduğu şekilden görülmektedir. Adım sayısı 500 ve 1000 durumları için ise fazla bir fark görülmemektedir.

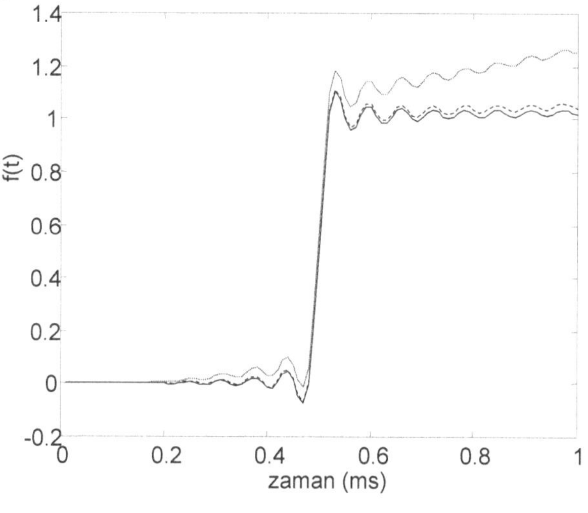

Şekil 8.2 Fourier dönüşümü kullanılarak elde edilen $F(s) = e^{-0.5x10^{-3}s} / s$ fonksiyonunun, $\omega_{max} = 1\times10^5$ rad/s için adım sayısı *n*'e değişimine göre değişim eğrileri.
— n=1000, --- n=500, ······ n=100.

Şekil 8.3'te hızlı ters Laplace dönüşümü (FILT) ile elde edilen eğriler görülmektedir Bu eğriler, a=5 alınarak dönüşüm işlemi için kullanılan çeşitli *k* ve *p* parametreleri ile elde edilmiştir. k=15 ile p=10 için CPU zamanı 0.11 s, k=25 ile p=20 için CPU zamanı 0.17 s ve k=40 ile p=30 için CPU zamanı 0.33 s olarak bulunmuştur. Şekildeki eğriler karşılaştırıldığında k=40 ile birlikte p=30 değerinin en iyi sonuçları verdiği görülmektedir. Aynı zamanda k=25 ve p=20 değerlerinde de çözümün erken olarak yakınsadığı görülmektedir. Yüksek frekanslarda, çok hızlı bir değişim söz konusu olduğunda *k*, *p* değerleri büyük, düşük frekanslarda ise küçük değerlerde seçilmesi gereklidir. FILT ve Fourier dönüşümünün hesaplama zamanı karşılaştırılması Tablo 8.1'de verilmiştir.

Tablo-8.1. FILT ve Fourier dönüşümünün hesaplama zamanı karşılaştırması.

FILT	a=5	FOURIER	$\omega_{max} = 1\times10^5$
k=15, p=10	0.11 s	n=100	0.55 s
k=25, p=20	0.17 s	n=500	2.85 s
k=40, p=30	0.33 s	n=1000	5.82 s

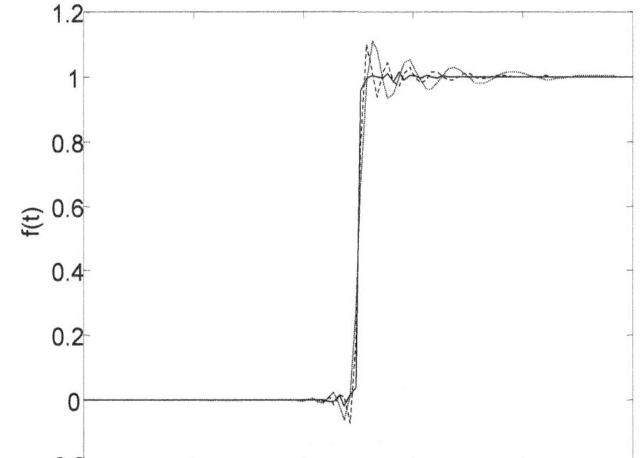

Şekil 8.3 $F(s) = e^{-0.5x10^{-3}s} / s$ fonksiyonunun hızlı ters Laplace dönüşümü kullanılarak değişik *k* ve *p* değerleri için elde edilen zaman domeni değişimi. — a=5, k=40, p=30, --- a=5, k=25, p=20, ······ a=5, k=15, p=10.

Fourier ve hızlı ters Laplace dönüşümü ile elde edilen sonuçlar genel olarak karşılaştırıldığında hızlı ters Laplace dönüşüm ile elde edilen sonuçların gerçek çözüme daha yakın olduğu ve bilgisayar zamanı açısından da çok elverişli olduğu görülmüştür. Bu nedenle frekans zaman dönüşümü için uygulamalarda hızlı ters Laplace dönüşümü kullanılmıştır.

8.3. Örnek-2. Elektrik Direğinin Analizi

Bölüm 4'te anlatıldığı gibi direğin uniform olmayan yapısının ifade etmek için karakteristik empedansının yüksekliğe göre değişimini gösteren değişik formüller kullanılmaktadır. Bu durumu göstermek için, direğin karakteristik empedansı aşağıdaki kaynaklarda verilen formüllerle hesaplanmış ve direk tepe geriliminin değişimi Şekil 8.4'te gösterilmiştir. Direğin yüksekliğine göre karakteristik empedansını hesaplamak için kullanılan formüller ve diğer parametreler aşağıda verilmiştir.

1) Kaynak [81]: $Z_{ort,IEEE} = \sqrt{\frac{\pi}{4}}60\left(\ln\cot\left(\frac{1}{2}\tan^{-1}\frac{R_{avg}}{h_1+h_2}\right) - \ln\sqrt{2}\right)$, r_1=0.5 m, r_2=0.75 m, r_3=1 m, h_1=32.2 m, h_2=30.6 m.

2) Kaynak [52]: $Z_{ort} = 60\ln\cot\frac{\left(\tan^{-1}\frac{r}{h}\right)}{2}$, h=62.8 m, r=1 m.

3) Kaynak [72]: $Z_{ort} = 50 + 35\sqrt{x}$, x=62.8 m.

4) Kaynak [54]'te yapılan deneysel çalışmada uniform olmayan iletim hattı olarak modellenen direğin karakteristik empedans tepede 220 Ω, temelinde ise 150 Ω olduğu belirlenmiştir.

Yapılan çalışmada toprak iletkeni olmayan bir elektrik direği ele alınmıştır ve yüksekliği 62.8 m'dir. Hesaplamada her durum için direk 10 eşit parçaya bölünmüştür. Literatürdeki deneysel çalışmalar sonucu elde edilen eğrilerle karşılaştırma yapılabilmesi için, yıldırım akımının rampa şeklinde olduğu varsayılmıştır, yıldırım kaynak empedansı 400 Ω ve yükselme zamanı 20 ns'dir. Hesaplama sonuçlarından (1)'deki IEEE Çalışma Grubuna [81] göre elde edilen sonuç [54]'deki deneysel verilerin kullanılmasıyla (4)'te elde edilen sonuca diğerlerinden daha yakındır. Örneğin teorik olarak (4)'deki duruma göre direğin tepesinden görülen eşdeğer empedans 142 Ω'dur ve hesaplamada bulunan sonuca bu değerin oldukça yakındır.

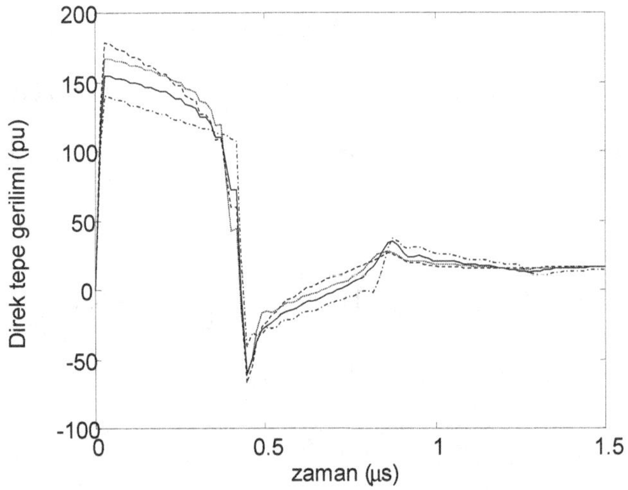

Şekil 8.4 Direk karakteristik empedansının farklı formüllere göre alınmasıyla direk tepe geriliminin değişimi.

— (1) IEEE Çalışma Grubuna göre [81],

...... (2) Chisholm ve diğ.'ne göre [52],

---- (3) Menemenlis ve Chun'a göre [72].

-·-·- (4) 220-150 Ω [54,56].

8.4. Örnek-3. Toprak İletkeni ve Faz İletkenleri Arasındaki Manyetik İndüklenme İle Yıldırım Analizi

Bu uygulama için ele alınan iletim sisteminin yapısı ve direğin boyutları Şekil 8.5'te verildiği gibidir. İki toprak iletkeni bağlı bir elektrik direğinin tepesine yıldırım düşmesi nedeniyle, Bölüm 5.4'te anlatılan toprak iletkeni ve fazlar arasındaki manyetik indüklenme yoluyla meydana gelen aşırı gerilimler verilmiştir. Direğin boyutları ve iletim sisteminin geometrisi [54]'teki gibidir. Burada elektrik direği tek fazlı uniform olmayan iletim hattı gibi modellenmiştir ve 10 uniform hatta bölünmüştür. Karakteristik empedansı direğin tepesinde 220 Ω ve direğin temelinde ise 150 Ω olarak, yani direk empedansı yüksekliğe (x) bağlı bir fonksiyonu olarak $Z_0(x) = 150e^{0.00609x}$ biçiminde alınmıştır. Dalga yayılımı ışık hızındadır (c=300 m/μs). Direk topraklama direnci 17 Ω ve toprağın direnci 500 Ωm'dir. Rampa fonksiyonu şeklindeki yıldırım akım kaynağının yükselme zamanının 20 ns olduğu varsayılmıştır. Yıldırım akımı kaynak empedansı 400 Ω'dur ve akım kaynağına paralel bağlanmıştır. Toprak iletkeninin yarıçapı 8.75 mm, faz iletkenleri ise 3.84 cm yarıçaplı dört demet iletken halindedir. Demet halindeki bu faz iletkeninin eşdeğer yarıçapı 0.241 m olan tek bir iletkene indirgenmiştir. Hattın uzunluğunun ise 300 m olduğu kabul edilmiştir.

s-domeni ve EMTP kullanılarak hesaplanan direk tepe gerilimi Şekil 8.6'da görülmektedir. Burada hesaplanan direk tepe geriliminin 140 pu'dur. Bu gerilimin gerçek değeri 20 kA genliğe sahip bir yıldırım akımı için 2.8 MV'tur. Bu değeri teorik olarak karşılaştırmak için, direğin tepesinden görülen eşdeğer empedans $Z_{eş}$=(220//400//143.5)=71 Ω ile yıldırım akımının tepe değeri (2 pu) çarpılırsa bu değere yakın olduğu görülür. 220 Ω direğin tepe noktası empedansı, 400 Ω kaynak empedansı ve 143.5 Ω da toprak iletkeninin eşdeğer empedansıdır. Ayrıca yine aynı şekilde, direk tepe gerilimi maksimum değere ulaştıktan sonra direğin temelinden yansıyıp gelen dalgalar nedeniyle hızla aşağı doğru indiği görülmektedir. Bu süre yine teorik olarak $2\tau = 2h/c = (2\times 62.8)/3\times 10^8$=0.42 μs (62.8 m direğin yüksekliği) değerine yakındır. Şekil 8.7 (a), (b) ve (c)' de ise *s*-domeni metodu ile hesaplanan direk faz kollarındaki, fazlarda endüklenen ve izolator üzerinde oluşan aşırı gerilimler verilmiştir. İzolatör üzerindeki gerilimin EMTP ve *s*-domeni metodu için karşılaştırılması Şekil 8.8'de verilmiştir. Şekil 8.7'de faz iletkenlerinde indüklenen gerilimler, toprak iletkeni üzerindeki gerilimin karakteristiğine benzemesine karşın, direk faz pozisyonundaki gerilimlerin aralıklarının aşağı faza inildikçe daraldığı görünmektedir. Bunun nedeni direk faz pozisyonlarının direk üzerinde aşağıya doğru yüksekliğinin azalmasındandır.

s-domeninde yapılan bu çalışmada hattın herhangi bir noktasındaki yıldırımdan dolayı meydana gelen aşırı gerilim belirlenebilir. Önerilen teknikle üst fazın 3 km uzaklıktaki geriliminin EMTP ve *s*-domeni için karşılaştırılması Şekil 8.9'da verilmiştir. *s*-domeni simülasyonu için iki farklı durum göz önüne alınmıştır: i) hat parametreleri sabit, ii) hat parametreleri frekans bağımlı. Alıcı uç geriliminin *s*-domeninde hesaplanması için $a=5$, $p=30$ ve $k=40$ olarak alınmış, yansımaların önlenmesi için literatürde olduğu gibi hattın karakteristik empedansına yakın bir değerde 300 Ω'luk direnç bağlanmıştır. EMTP sonuçları sabit parametreli durum için belirlenmiştir. *s*-domenindeki sabit parametreli durumun, EMTP ile uyuştuğu şekilden görülmektedir.

Karşılaştırmalardan direğin tepesindeki gerilimin hattın frekans bağımlı parametrelerden etkilenmediği görülmektedir. Bununla birlikte yıldırım dalgası hat üzerinde yayılırken, faz iletkenlerinin frekans bağımlı parametrelerinden oldukça etkilendiği Şekil 8.9'dan görülmektedir. Tablo 8.2'de direğin tepesindeki ve fazlarda indüklenen gerilimlerin en yüksek değerleriyle izolatörler üzerine düşen gerilimler verilmiştir. Tablo 8.3'te ise frekans bağımlı ve bağımsız durumda 3 km uzaklıktaki fazların hat sonundaki gerilimlerinin en yüksek değerleri verilmiştir. Tabloda frekans bağımsız duruma göre frekans bağımlı durumda en az % 19 daha düşük bir gerilim elde edilmiştir [104].

Tablo-8.2. Direk tepe gerilimi ve fazlarda endüklenen gerilimler.

	İndüklenen en yüksek gerilim değeri (p.u.)	İzolatördeki en yüksek gerilim değeri (p.u.)
Direk tepe gerilimi	140.0	--
Üst faz	44.8	92.6
Orta faz	25.8	107.2
Alt faz	15.8	111.6

Tablo-8.3. Frekans bağımlı ve bağımsız durumda fazların alıcı uçtaki gerilimlerinin en yüksek değerleri ve aralarında yüzde olarak fark.

	Frekans bağımlı	Frekans Bağımsız	Fark
Üst faz ger. (p.u.)	42.1	52.3	% 19
Orta faz ger. (p.u.)	19.8	27.0	% 26
Alt faz ger. (p.u.)	11.2	16.9	% 33

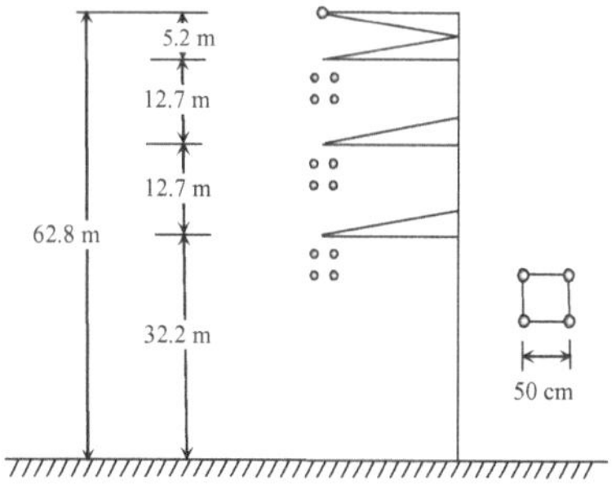

Şekil.8.5 Örnek 3 için iletkenlerin konumu ve direğin boyutları.

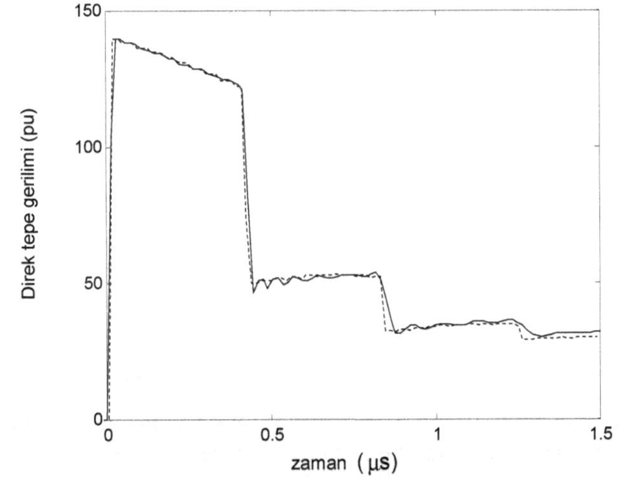

Şekil 8.6 Fazlarda indüklenme yoluyla hesaplanan direk tepe gerilimi ve EMTP karşılaştırması [104].
— *s*-domeni, ---- EMTP.

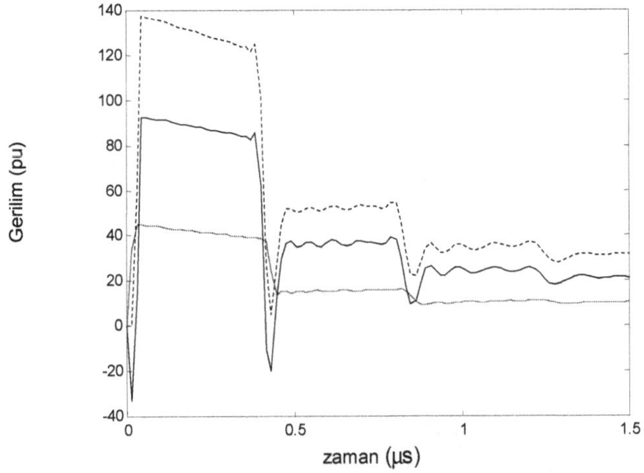

(a)

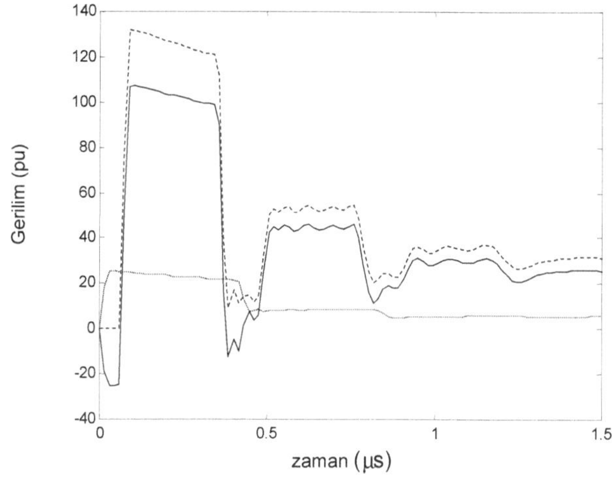

(b)

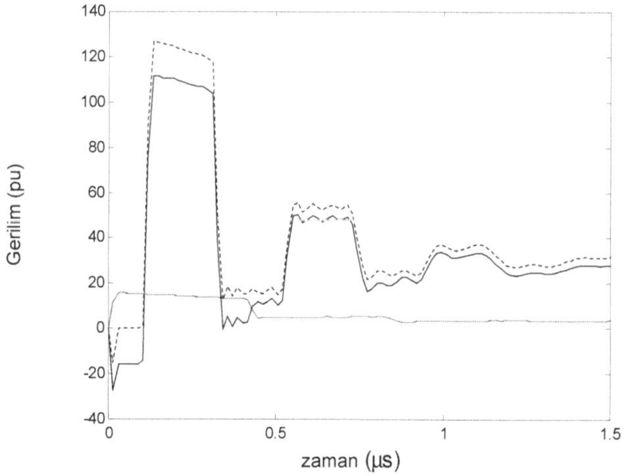

(c)

Şekil 8.7 *s*-domeninde fazlarda indüklenme yoluyla hesaplanan (a) Üst, (b) orta ve (c) alt faz gerilimleri [104].
--- direk faz pozisyonu, ······ faz iletkeni, — izolatör zinciri.

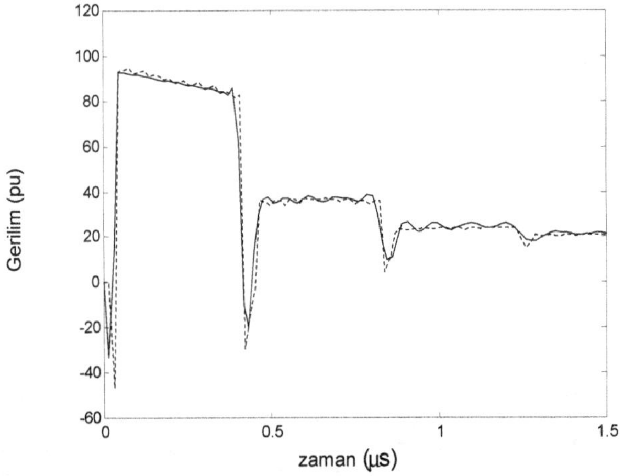

(a)

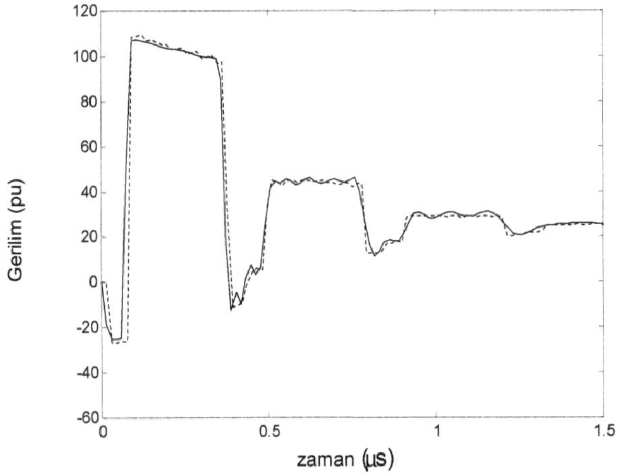

(b)

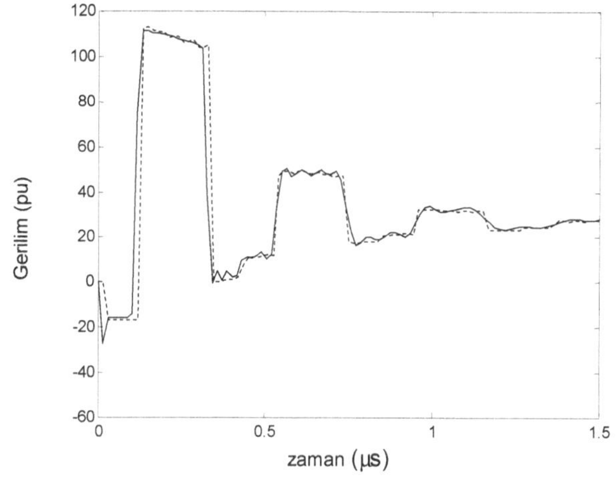

(c)

Şekil 8.8 İzolatör üzerindeki gerilimin EMTP ve *s*-domeni metodu için karşılaştırılması [104]. (a) Üst, (b) orta ve (c) alt faz.
---- EMTP, — *s*-domeni.

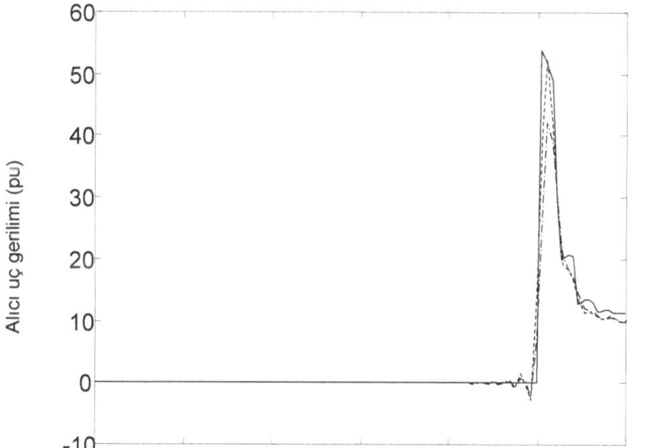

Şekil 8.9 Üst fazın 3 km uzaklıktaki geriliminin EMTP ve *s*-domeni için karşılaştırılması [104].
— EMTP, ---- frekans bağımsız, —·- frekans bağımlı.

8.5. Örnek-4. Genelleştirilmiş Yöntemle Üç Fazlı Toprak İletkenli İletim Hatlarının Analizi

Bu örnekte, genelleştirilmiş metotla, üç fazlı ve toprak iletkenine sahip 4 iletkenli bir iletim hattında elektrik direğinin tepe noktasına yıldırım düşmesi sonucu meydana gelen aşırı gerilimler ele alınmıştır. Önce direğin tepesindeki gerilim bulunmuş ve toprak iletkeninden geçen akım nedeniyle diğer fazlarda meydana gelen gerilimler hesaplanmıştır. İletkenler arasındaki kuplajlık, Bölüm 5.5'te anlatıldığı gibi 4 iletkenli sistemde KKM matrisi elde edilerek bulunmuştur. Burada ele alınan sistemin geometrisi ve direğin yapısı bir önceki örnekte gösterilen Şekil 8.4'deki gibidir. Fakat bu örnekte önceki örnekten farklı olarak toprak iletkeni sayısı bir olarak alınmıştır. Analizde kullanılan diğer parametreler de bir önceki örnekte verildiği biçimde alınmıştır. Direk tepe geriliminin değişimi EMTP ve *s*-domeni için Şekil 8.10'da görülmektedir. Burada hesaplanan direk tepe geriliminin değeri 188.4 pu'dur. Direğin tepesinden görülen eşdeğer empedans $Z_{eş}$=(220//400//287)=95 Ω, yıldırım akımının tepe değeri (2 pu) ile çarpılırsa bu değere yakın olduğu görülür. 220 Ω direğin tepe noktası empedansı, 400 Ω kaynak empedansı ve 287 Ω da toprak iletkeninin eşdeğer empedansıdır. Faz iletkenlerinde indüklenen gerilimler ve izolatör üzerindeki aşırı gerilimlerin değişimi Şekil 8.11 ve 8.12'de görülmektedir. Tablo 8.4'te direk tepe gerilimi, fazlarda indüklenen gerilimler ve izolatör gerilimleri verilmiştir.

Şekil 8.11'e göre üst fazda en yüksek 62 pu, orta fazda 35.5 pu ve alt fazda ise 22.5 pu'luk gerilim endüklenmiştir. Buna göre 20 kA tepe değerine sahip bir yıldırım akımı üst fazda 1.24 MV, orta fazda 0.71 MV ve alt fazda ise 0.45 MV tepe değeri olan bir gerilim indükler.

Şekil 8.12'ye göre üst fazdaki izolatörde en yüksek değeri 122 pu, orta fazdaki izolatörde 141.3 pu ve alt fazdaki izolatörde ise 147.5 pu olan gerilim meydana gelmiştir. Buna göre yıldırım akımı tepe değeri 20 kA olarak alınırsa, bu durumda izolatörler üzerinde sırasıyla 2.44 MV, 2.82 MV, 2.95 MV değerlerinde aşırı gerilimler oluşur. İzolatör geriliminin üst fazda düşük, alt fazda yüksek değerde çıkmasının nedeni direk modelinin kayıpsız olmasından kaynaklanmaktadır. Direk kayıpsız hat olarak modellendiğinden, direk üzerinden aşağı doğru gerilim değişimi yavaş olurken fazlarda indüklenen gerilimin toprak iletkeninden olan uzaklığa bağlı olarak azalmasından kaynaklanmaktadır.

Bu şekillerden toprak iletkeni ile fazlarda indüklenen gerilim dalgalarının karakteristiğinin aynı şekilde olduğu görülmektedir. Bunun nedeni [54]'deki deneysel çalışmada da kabul edilen yıldırım düştüğü sırada alan gecikmesinin dikkate alınmadan, toprak iletkeninden dolayı doğrudan fazlar üzerinde indüklenen gerilimin hesaplanmasından kaynaklanmaktadır. İzolatör zinciri üzerinde ilk anda negatif bir gerilim görülmesinin sebebi, elektrik direği üzerindeki yıldırım dalgasının temele doğru yayılırken, faz iletkenlerinde belirli bir gerilimin ani olarak indüklenmesinden dolayıdır.

Tablo-8.4. Direk tepe gerilimi, fazlarda endüklenen gerilimler ve izolatör gerilimleri.

	İndüklenen en yüksek gerilim değeri (p.u.)	İzolatördeki en yüksek gerilim değeri (p.u.)
Direk tepe gerilimi	188.4	--
Üst faz	62.0	122.0
Orta faz	35.5	141.3
Alt faz	22.5	147.5

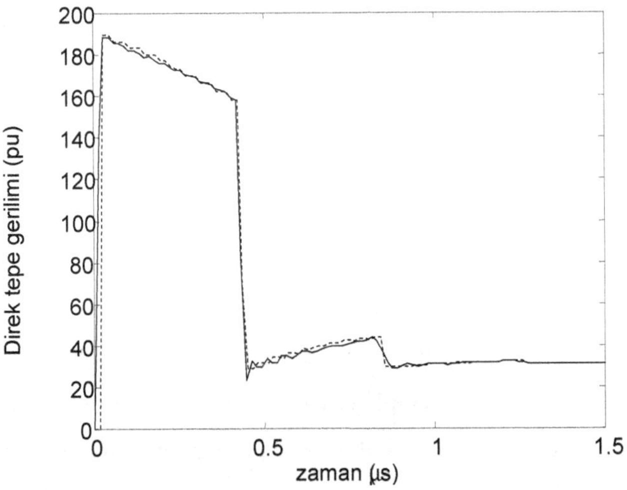

Şekil 8.10 Genelleştirilmiş durumda hesaplanan direk tepe gerilimi ve EMTP karşılaştırması.
— *s*-domeni, ---- EMTP.

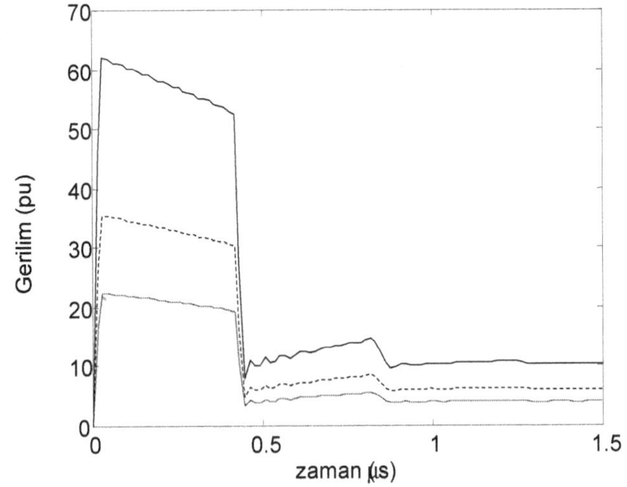

Şekil 8.11 Genelleştirilmiş durumda *s*-domeninde hesaplanan fazlarda indüklenen gerilimler.
— üst faz, --- orta faz, ⋯⋯ alt faz.

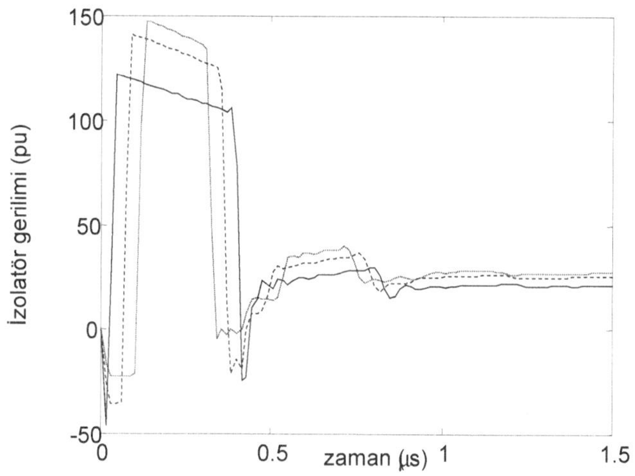

Şekil 8.12 Genelleştirilmiş durumda *s*-domeninde hesaplanan izolatör gerilimleri.
— üst faz, --- orta faz, ······ alt faz.

8.6. Örnek-5. İki Toprak İletkenli Çift Devreli İletim Hatlarının Analizi

Bu örnekte ise Bölüm 5.6'da matematiksel ifadeleri çıkartılan iki toprak iletkeni bağlanmış olan çift devreli toplam 8 iletkene sahip bir iletim sisteminin yıldırım dalgası analizi sonuçları verilmiştir. Kullanılan sitemin yapısı ve boyutları Şekil 8.13'te verilmiştir [54]. Türkiye'de bu direk modelleri bulunmamasına rağmen, önerilen yöntemin daha karmaşık yapıya sahip olan direk tipleri için de uygulanabilir olduğunu göstermek için burada analiz edilmiştir. Aynı zamanda bu direk tipleri için deneyler yapılmış olduğundan bu örneğin çalışılması sonuçların karşılaştırılması açısından da önem teşkil etmektedir. Burada direk empedansı yüksekliğe (x) bağlı bir fonksiyonu olarak $Z_0(x) = 150e^{0.00609x}$ biçiminde alınmıştır ve 10 uniform hatta bölünmüştür. Yani direğin tepesinde karakteristik empedans 220 Ω ve direğin temelinde ise 150 Ω'dur. Dalga yayılımı ışık hızındadır (c=300 m/μs). Direk topraklama direnci 17 Ω ve toprak direnci 500 Ωm'dir. Rampa fonksiyonu şeklindeki yıldırım akım kaynağının yükselme zamanının 20 ns olarak alınmıştır. Yıldırım akımı kaynak empedansı 400 Ω'dur ve akım kaynağına paralel olarak bağlanmıştır. Toprak iletkeninin yarıçapı 8.75 mm, demet halindeki faz iletkeninin eşdeğer yarıçapı 0.241 m olan tek bir iletkene indirgenmiştir. Hattın uzunluğunun ise uygulamada olduğu gibi 300 m olduğu kabul edilmiştir.

s-domeni ve EMTP kullanılarak hesaplanan direk tepe gerilimi Şekil 8.14'te verilmiştir. Bu gerilimin tepe değeri 154 pu'dur. Teorik olarak direğin tepesinden görülen yaklaşık empedans $Z_{eş}$=(220//400//143.5)=71 Ω yıldırım akımının tepe değeri (2 pu) ile çarpılırsa bu değere yakın olduğu görülür. 220 Ω direğin tepe noktası empedansı, 400 Ω kaynak empedansı ve 143.5 Ω da toprak iletkeninin eşdeğer empedansıdır. Şekil 8.15 (a), (b) ve (c)' de ise *s*-domeni metodu ile hesaplanan direk faz kollarındaki, fazlarda endüklenen ve izolator üzerinde oluşan aşırı gerilimler verilmiştir. İzolatörler üzerindeki gerilim, fazlarda indüklenen gerilimlerle direğin faz kollarındaki gerilimlerin farkına eşittir. Şekil 8.16'da ise uygulanan yıldırımın akımı, direkteki ve toprak iletkenindeki akımların değişimi verilmiştir. Bu şekilden 0 ile 0.42 μs aralığında direkten geçen akımın, toprak iletkeninden geçen akıma göre iki kattan daha fazla büyük değerde olduğu görülmektedir. Bunun nedeni toprak iletkeninin her iki kolunun eşdeğer empedansının (yaklaşık 287 Ω) daha yüksek empedansa sahip olmasındandır. 0.42 μs'den sonra direğin temelinden yansıyan dalgalar direğin tepesine vardıktan sonra, direkten geçen akım artarken toprak iletkeninden geçen akım azalır. Bunun nedeni direğin tepesine doğru gelen akım dalgası için toprak iletkeninin direğe bağlantı noktasında, toprak iletkenin yansıma sabitinin negatif olması ve direğin yansıma sabitinin ise pozitif olmasıdır.

Tablo 8.5'te direk tepe gerilimi, fazlarda indüklenen gerilimler ve izolatör gerilimleri verilmiştir. Bu değerlerin Tablo 8.4'e göre daha düşük izolatör geriliminin olduğu görülmektedir. Bunun nedeni burada iki toprak iletkeninin olmasındandır. Tablo 8.5'in, toprak iletkeni ve faz iletkenleri arasındaki indüklenme yoluyla hesaplanan izolatör geriliminin görüldüğü Tablo 8.2'de elde edilen değerlere yakın olduğu görülmektedir. Bunun nedeni ise Örnek 3'te de iki toprak iletkeninin ele alınmasıdır.

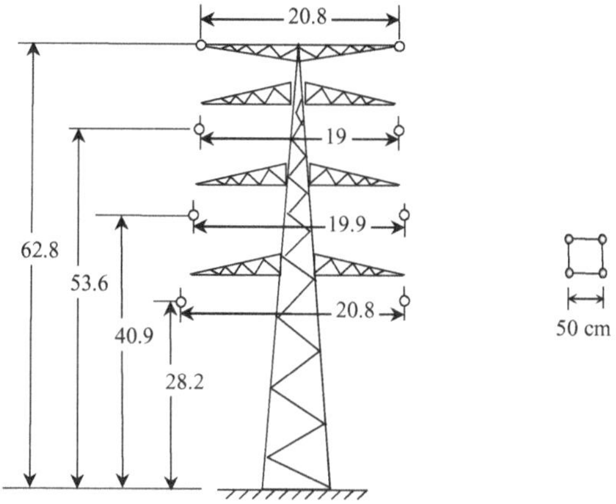

Şekil.8.13 İki koruma iletkenli çift devreli iletim sisteminde iletkenlerin konumu (uzunluklar metre).

Tablo-8.5. Direk tepe gerilimi, fazlarda endüklenen gerilimler ve izolatör gerilimleri.

	İndüklenen en yüksek gerilim değeri (p.u.)	İzolatördeki en yüksek gerilim değeri (p.u.)
Direk tepe gerilimi	154.0	--
Üst faz	66.7	84.6
Orta faz	43.3	102.5
Alt faz	28.6	111.4

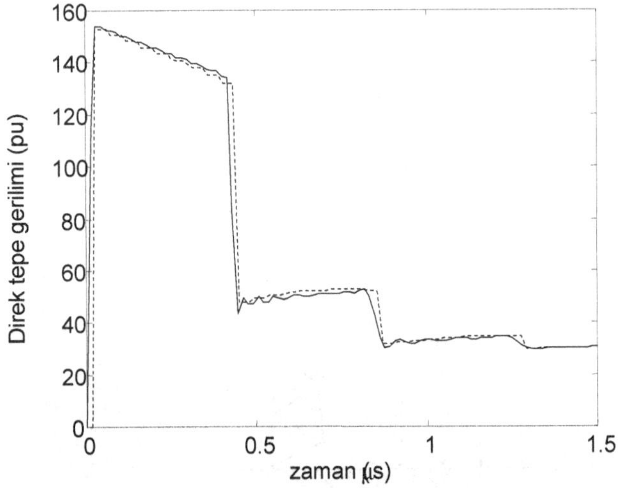

Şekil 8.14 Sekiz iletkenli durumda direk tepe gerilimi ve EMTP karşılaştırması.
— *s*-domeni, --- EMTP.

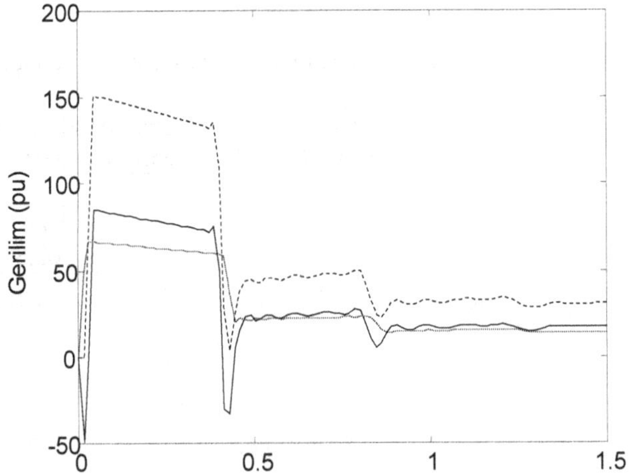

(a)

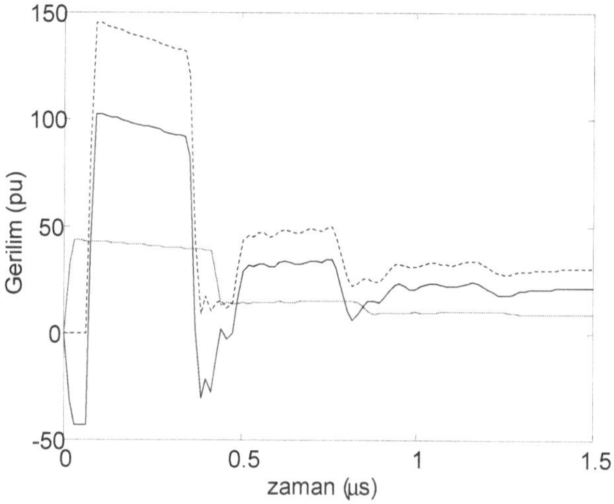

(b)

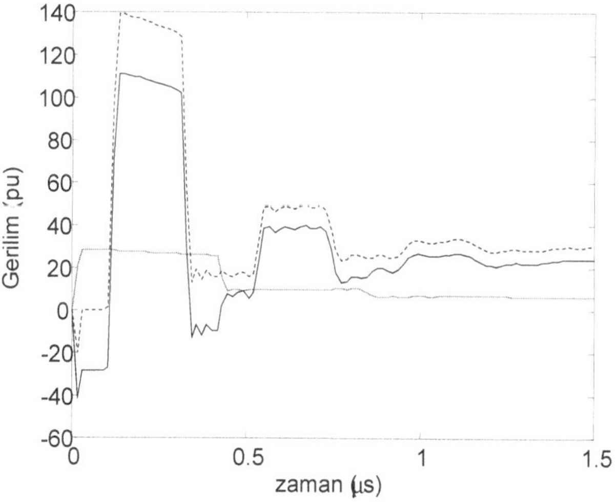

(c)

Şekil 8.15 Sekiz iletkenli durumda *s*-domeninde hesaplanan (a) Üst, (b) orta ve (c) alt faz gerilimleri .
--- direk faz pozisyonu, ······ faz iletkeni, — izolatör zinciri.

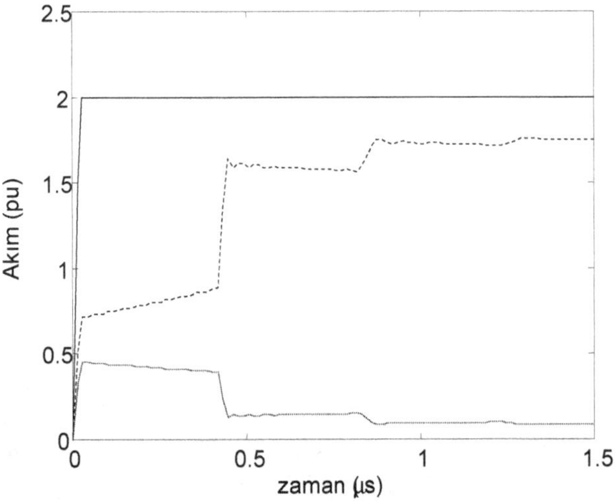

Şekil 8.16 Uygulanan yıldırım akımı ve hesaplanan akımlar.
— yıldırım akımı, --- direk akımı, ... toprak iletkeni akımı.

8.7. Örnek-6. İki Toprak İletkenli Tek Devreli İletim Hatlarının Analizi

Uygulama için ele alınan direğin yapısı, direğin boyutları, faz ve toprak iletkenlerinin arasındaki mesafeler Şekil 8.17a'da görülmektedir ve bu tür direk yapısı ülkemizde enerji iletiminde yaygın olarak kullanılmaktadır. Elektrik direğinin değişen karakteristik empedansları direğin üst bölümünde 220 Ω ve direğin temelinde ise 150 Ω olmak üzere $Z_0(x) = 150e^{qx}$ formülüne göre alınmıştır. Direğin yüksekliği 39 m' dir ve l direğin yüksekliği olmak üzere $q = (1/l)\ln(Z_{üst}/Z_{alt})$ formülünden q=*0.0098* olarak bulunmuştur. Direğin uniform olmayan yapısını ifade etmek için 10 eşit parçaya bölünmüştür. Sekil 8.17b'de görülen direğin basit modelinde, A ve C fazlarının bağlandığı kolların yüksekliğinin sabit olmasından dolayı 19.5 m'lik uniform hat olarak alınmış ve bu uniform hattın karakteristik empedansı ise 200 Ω olduğu varsayılmıştır [52]. Sisteme uygulanan yıldırım akımı çift üssel fonksiyondur

(1/50 μs) ve matematiksel olarak $i(t) = 1{,}0177(e^{-1.5x10^4 t} - e^{-6x10^6 t})$ şeklinde ifade edilmiştir. Kaynak empedansı 400 Ω, direkteki dalga yayılım hızı ışık hızındadır (300 m/μs). Direğin topraklama direnci 17 Ω dur. Toprak iletkeninin yarıçapı 8.8 mm, faz iletkenlerinin eşdeğer yarıçapı 24.14 cm dir. Analizde kolaylık olması amacıyla iletim hattı direğe göre simetrik olduğundan sadece yarısı alınmıştır. Bu işlem iletim hattındaki iletkenlerin karakteristik empedansının yarı değerinin $Z_0/2$ alınmasıyla yapılır [46].

Direğin tepesindeki gerilimin *s*-domeni ve EMTP için karşılaştırması Şekil 8.18'de verilmiştir. Şekilde direk tepe gerilimin maksimuma değere ulaşma zamanı 0.26 μs'dir. Bu değer teorik olarak, direğin yüksekliğinin iki katı uzunluğunda, ışık hızında yayılan dalganın geçme süresine eşittir; yani $2\tau = (2 \times 39)/3 \times 10^8 = 0.26\,\mu s$'dir (39 m direğin uzunluğu). Direğin tepe geriliminin 1/50 μs'lik yıldırım akımı için hesaplanan değeri 54 pu'dir. Bu değer, toprak iletkeninin karakteristik empedansı 544 Ω, yıldırım yolu empedansı 400 Ω ve direğin en üst bölümünün karakteristik empedansı 220 Ω ile, teorik olarak 69 pu değerinde olmaktadır. Uygulamada bulunan değerle teorik değer arasındaki farkın nedeni, yıldırım akım dalgasının Şekil 8.21'de görüldüğü gibi yavaş yükselmesinden dolayıdır ve teorik değere ulaşmadan direğin temelinden yansıyıp gelen dalgadan sonra direğin tepesindeki gerilimin azalmaya başlamasından kaynaklanmaktadır.

Fazlarda indüklenen gerilim Şekil 8.19'da, izolatörlerin üzerindeki gerilim ise Şekil 8.20'de verilmiştir. B fazının izolatörü üzerindeki gerilim hesaplanırken yıldırım B fazının üstündeki direğin tepesine düştüğünden dolayı direk tepe gerilimiyle B fazında indüklenen gerilimin farkı alınmıştır. Bu şekillerde A, C fazlarının yıldırım düştüğü noktaya göre simetrik olmasından dolayı aynı gerilim değerleri elde edilmiştir. Şekil 8.20'de görülen izolatörler üzerindeki gerilimlerden A, C fazlarındaki gerilimin tepe değerinin B fazındaki tepe değere göre biraz gecikmeli meydana geldiği görülmektedir. Bunun nedeni yıldırım B fazının üzerindeki direğin tam ortasına düştükten sonra, 19.5 m uzunluğundaki uniform hat boyunca A, C noktalarına ulaşması için 19.5/300 μs kadar bir gecikmenin meydana gelmesindendir.

Uygulanan yıldırım akımı ise Şekil 8.21'de verilmiştir. Önceki örneklerden farklı olarak burada yükselme zamanı daha uzun olan çift üssel akım kaynağı kullanılmıştır. Şekilden görüldüğü gibi uygulanan akımın tepe değere ulaşma zamanı 1 μs'dir ve bu değerden sonra azalmaya meylettiği görülmektedir. Toprak iletkenindeki akım, direğin temelinden 0.26 μs sonra yansıyıp gelen dalgadan sonra düşmektedir ve bu andan sonra ise direkten geçen akım artmaktadır. Tablo 8.6'da direk tepe gerilimi, fazlarda indüklenen gerilimler ve izolatör gerilimleri verilmiştir.

Tablo-8.6. Direk tepe gerilimi, fazlarda endüklenen gerilimler ve izolatör gerilimleri.

	İndüklenen en yüksek gerilim değeri (p.u.)	İzolatördeki en yüksek gerilim değeri (p.u.)
Direk tepe gerilimi	54.0	--
A,C fazı	13.1	43.0
B fazı	14.0	40.0

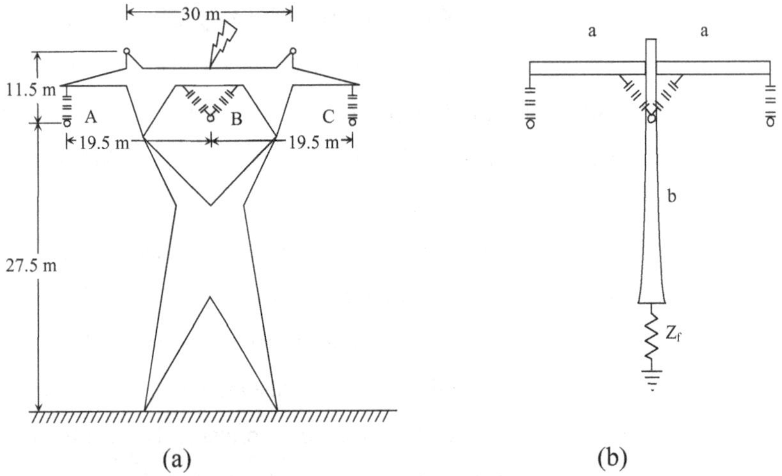

Şekil 8.17 (a) Direğin yapısı, faz ve toprak iletkenlerin pozisyonları, (b) Direğin basit modeli, a: 19.5 m uniform hat, b: 39 m uniform olmayan hat.

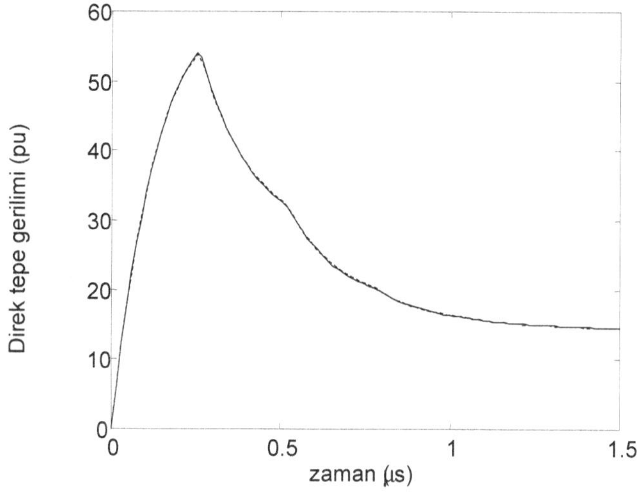

Şekil 8.18 Beş iletkenli durumda direk tepe gerilimi ve EMTP karşılaştırması.
— *s*-domeni, ---EMTP.

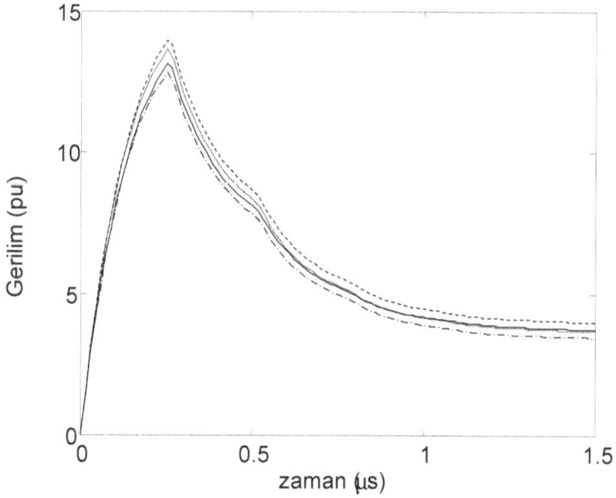

Şekil 8.19 EMTP ve *s*-domeninde hesaplanan fazlarda indüklenen gerilimler.
s-domeni: — A, C fazı, --- Bfazı,
EMTP : -·-·- A, C fazı, ······ B fazı.

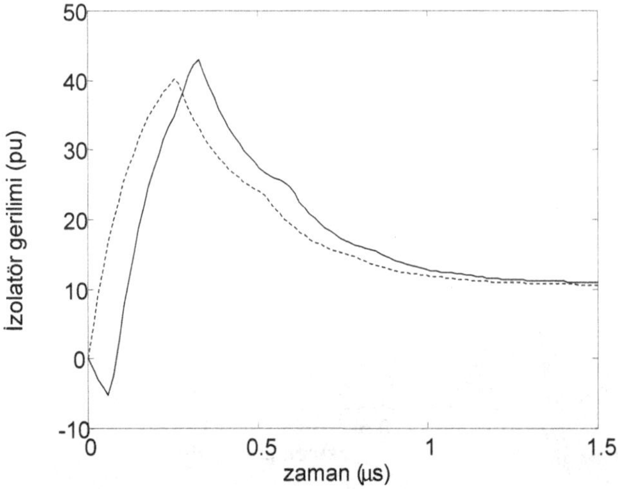

Şekil 8.20 *s*-domeninde hesaplanan izolatör gerilimleri.
— A, C fazı, --- B fazı.

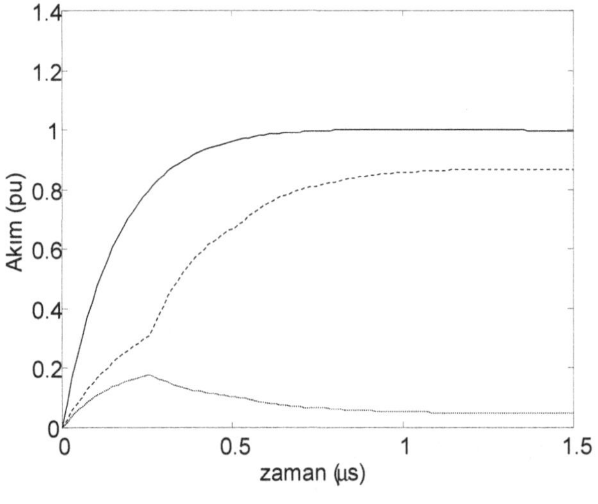

Şekil 8.21 Uygulanan yıldırım akımı ve hesaplanan akımlar.
—yıldırım akımı, --- direk akımı, ······ toprak iletkeni akımı.

8.8. Örnek-7. Çok Katlı Direk Modelinin Analizi

Bu uygulama için çok katlı direk modeli kullanılarak *s*-domeninde yıldırım analizi yapılmıştır. Direğin yapısı ile faz ve toprak iletkenlerinin konumu Şekil 8.22'de verildiği gibidir. Burada yükselme zamanı 100 ns olan rampa fonksiyonuyla modellenen yıldırım akımının, elektrik direğinin tepesine uygulanması durumunda oluşan aşırı gerilimler hesaplanmıştır. Hattın uzunluğu 500 m alınarak yansıyıp gelen dalgaların görülmemesi sağlanmıştır. Bunun için analiz zamanı 2.5 μs olarak alınmıştır. Kaynak empedansı 400 Ω'dur. Direğin yayılım sabitinin ışık hızında olduğu varsayılmıştır ve direk topraklama direnci 10 Ω'dur. Toprak iletkeninin yarıçapı 20 mm, faz iletkenleri yarıçapları 14.25 mm olan 6 demet iletken halindedir ve eşdeğer yarıçapı 37.3 cm olan tek bir iletkenle modellenmiştir.

Çok katlı direğin yükseklik ve uzunluklarına göre parametreleri [94]'den alınmıştır ve direğin yüksekliği ve her bir bölümünün fonksiyonu olarak aşağıdaki Tablo 8.7'de verildiği gibidir. Direğin temeline yakın yere direnç ve indüktans paralel bağlanarak yansımalar önlenmiştir. Ayrıca 5. Bölümün sonunda gösterilen çok katlı direk modelindeki birinci bölümün direnci [94]'te olduğu gibi burada sıfır alınmıştır.

Tablo-8.7. Çok katlı direk modelinin parametreleri.

Bölüm	Karakteristik empedans	Direnç	Zaman sabiti
1	245 Ω	0 Ω	--
2	245 Ω	35 Ω	τ
3	210 Ω	30 Ω	τ
4	180 Ω	50 Ω	τ
	--	30 Ω	2.5 τ

Uygulanan yıldırım akımı ile birlikte direkteki ve toprak iletkenindeki akımların değişimi Şekil 8.23'te verilmiştir. Bu şekilden görüldüğü üzere direğin temelinden yansıyıp gelen dalganın 0.5 μs'yi geçtikten biraz sonra direk akımının yükseldiği ve toprak iletkeninden geçen akımın azaldığı görülmektedir. Teorik olarak bu süre $2\tau = (2 \times 80)/3 \times 10^8 = 0.533\,\mu s$ (80 m direğin uzunluğu) değerindedir ve uygulama sonucuyla uyuşmaktadır. Direğin tepesinde meydana gelen gerilim Şekil 8.24'te görülmektedir ve 78 pu'dur. Teorik olarak bu değer, direğin tepesinden görülen eşdeğer empedans 72 Ω'a yakındır. Çok katlı direk modelinde diğer direk modellerine göre kalıntı gerilminin olduğu görülmektedir. Bunun nedeni, çok katlı direk modelinde bulunan paralel bağlı direnç ve indüktanslardan dolayıdır. Faz iletkenlerinde indüklenen gerilimler ise Şekil 8.25'te verilmiştir. Şekil 8.26'da ise izolatör üzerinde meydana gelen aşırı gerilimler görülmektedir. Çok katlı direk modeli kayıplı elemanlar içerdiğinden dolayı şimdiye kadar hesaplamalarda kullandığımız kayıpsız uniform olmayan direk modellerinden farklı olarak burada ilk anda üst faz izolatöründe yüksek, alt faz izolatöründe ise düşük gerilimin meydana geldiği görülmüştür.

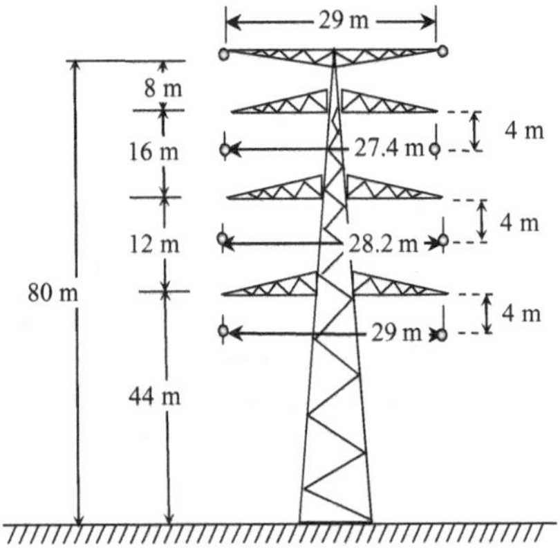

Şekil.8.22 Çok katlı direk modeli analizi için kullanılan iki koruma iletkenli çift devreli iletim sisteminde direğin yapısı ve iletkenlerin konumu.

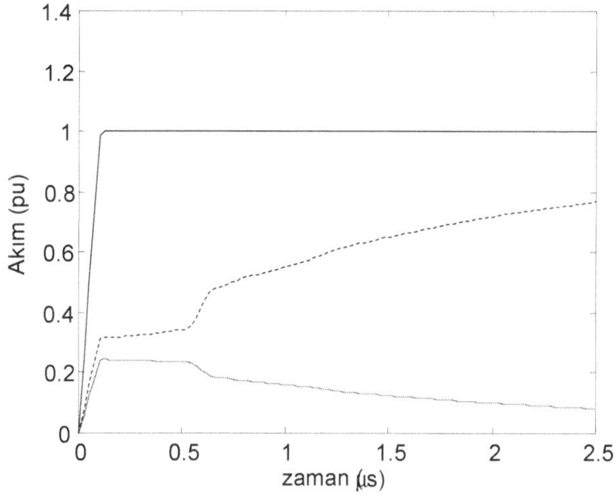

Şekil 8.23 Uygulanan yıldırım akımı ve hesaplanan akımlar.
— yıldırım akımı, --- direk akımı, ······ toprak iletkeni akımı.

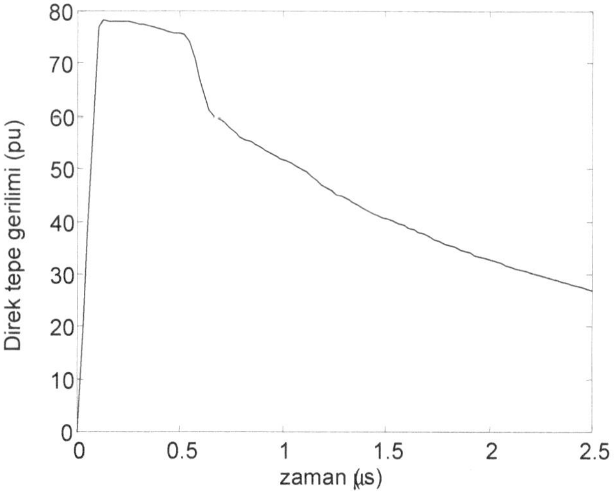

Şekil 8.24 *s*-domeninde çok katlı direk modeli kullanılarak hesaplanan direk tepe gerilimi.

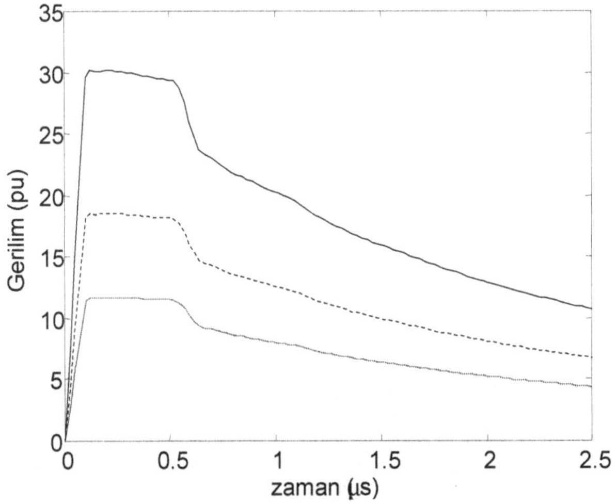

Şekil 8.25 Çok katlı direk modeli kullanılarak *s*-domeninde hesaplanan fazlarda indüklenen gerilimler.
— üst faz, --- orta faz, ······· alt faz.

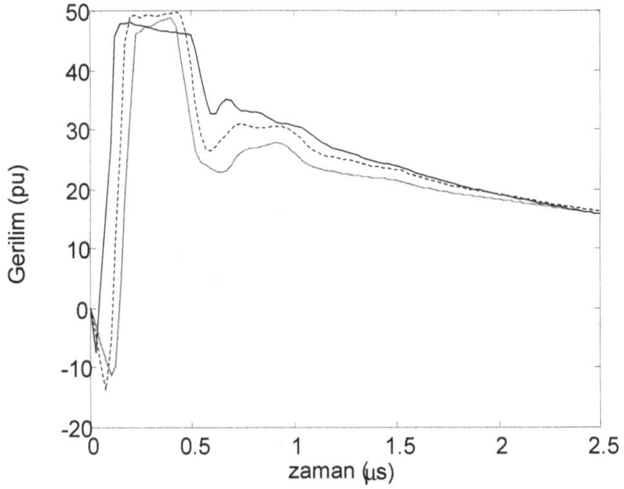

Şekil 8.26 Çok katlı direk modeli kullanılarak *s*-domeninde hesaplanan izolatör gerilimleri.
— üst faz, --- orta faz, ······· alt faz.

8.9. Örnek-8. Yıldırımın Faz iletkenine Düşmesi Durumu

Bu uygulamada yıldırımın faz iletkenine düşmesi durumunda meydana gelen aşırı gerilimler hesaplanmıştır. Güç sistemlerinde yıldırımların çoğu direklere düşmekle birlikte, faz iletkenine düşmesi ihtimali az olsa da analizlerinin yapılması koruma açısından önemlidir. Burada genelleştirilmiş durum kullanılarak KKM matrisi yardımıyla Bölüm 5.5.2'de anlatılan üst faz iletkenine yıldırım düşmesi durumu incelenmiştir. Analiz için kullanılan tüm değerler Örnek 4'te olduğu gibidir. Şekil 8.27'de üst faza yıldırım düşmesi durumunda meydana gelen gerilimlerin *s*-domeni ve EMTP karşılaştırması verilmiştir. Yıldırımın düştüğü üst fazda tepe değeri 236 pu, orta fazda 74 pu, alt fazda 45 pu'luk bir gerilim meydana gelmiştir. Bu değerlerin önceden ele alınan direğin tepe noktasına yıldırım düşmesi durumuna göre daha yüksek olduğu görülmektedir. Toprak iletkeninin bağlı bulunduğu direğin tepe noktasında meydana gelen gerilimin en yüksek değeri 58 pu olmuştur ve direğin temelinden yansıyıp gelen dalganın direğin tepesine varmasından sonra diğerlerine göre daha hızlı bir düşüş olduğu görülmüştür. Faz iletkenlerinde indüklenen gerilim değeri ise direğin toprak iletkenine bağlı bulunmasından çok fazla etkilenmemişlerdir. Bunun nedeni yıldırımın faz iletkenine düşmesinden dolayı direğin kuplajlık etkisinin daha az olmasındandır. Hâlbuki bundan önceki örneklerde yıldırım toprak iletkenli direğin tepesine düştüğünden dolayı, direğin kuplajlık etkisi daha çok etkili olduğu görülmüştür.

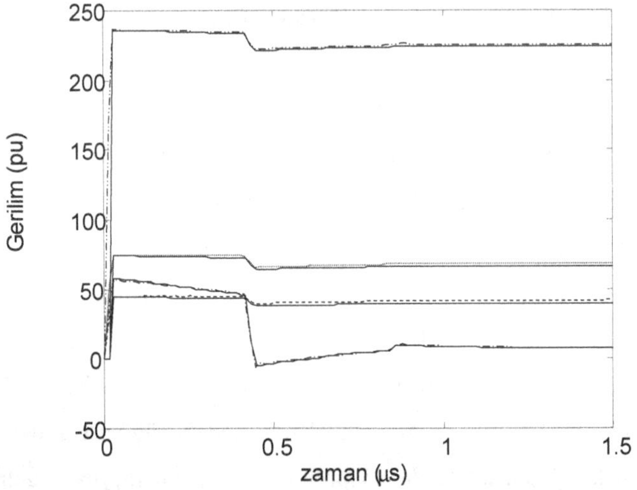

Şekil 8.27 Yıldırımın üst faz iletkenine düşmesi durumunda *s*-domeninde hesaplanan gerilimler.
—EMTP,
s-domeni: -·- direk tepe gerilimi, -··- üst faz, ······ orta faz, --- alt faz.

8.10. Örnek-9. Uniform Olmayan Yapıdaki Hatların Analizi

Bu uygulama ise Şekil 8.28'de görülen sistem için, direğin tepesine yıldırım düşmesi durumunda 100 metre ilerideki hat sonunda meydana gelen gerilim hesaplanmıştır. Şekilden görüldüğü gibi, direğe bağlanan toprak iletkeninin yüksekliği direkten uzaklaştıkça azaldığından dolayı karakteristik empedansı değişken olmalıdır ve dolayısıyla uniform olmayan bir yapı olarak modellenmelidir. Uygulamada toprak iletkenin uniform olmayan yapısını ifade etmek için 10 uniform hatta bölünmüş ve her hat bölümünün yükseklik ve uzunluğuna göre karakteristik empedansı ve dalga yayılım sabiti bulunmuştur. Analizde direk uniform olmayan yapıda modellenmiş ve 10 uniform hatta bölünmüştür. Direğin karakteristik empedansı tepesinde 220 Ω ve temelinde ise 150 Ω olarak alınmıştır. Toprak iletkeninin yarıçapı 14.29 mm, dalga yayılımı ışık hızındadır (c=300 m/μs). Direk topraklama direnci 17 Ω ve toprağın direnci 500 Ωm'dir. Rampa fonksiyonu şeklindeki yıldırım akım kaynağının yükselme zamanının 20 ns olduğu varsayılmıştır. Yıldırım akımı kaynak empedansı 400 Ω'dur ve akım kaynağına paralel bağlanmıştır. Bu varsayımlar sonucunda uniform olmayan hat modelinin etkisini görmek için, uniform hat modeliyle elde edilen gerilimlerinin değişimi Şekil 8.29'da verilmiştir. Bu şekilden uniform olmayan yapıdaki toprak iletkeninin alıcı ucunda daha düşük bir gerilim meydana geldiği görülmektedir. Şekil 8.30'da ise uniform olmayan hattaki frekans bağımlılığın etkisini görmek için elde edilen sonuçlar verilmiştir. Karşılaştırma sonucunda hat sonundaki gerilimin, hattın frekans bağımlılığından etkilendiği görülmüştür.

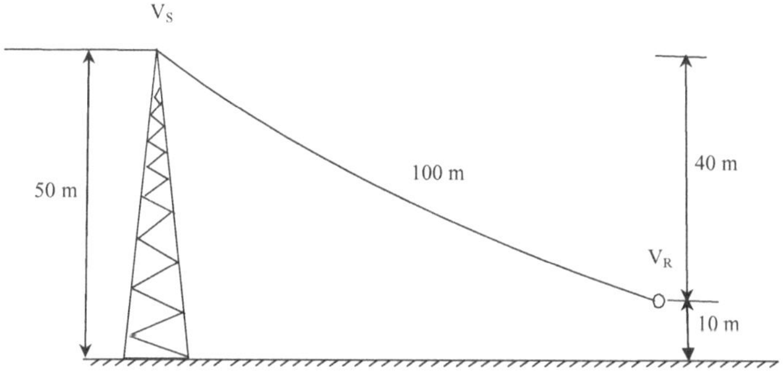

Şekil 8.28 Uniform olmayan hat modelinin analizi için kullanılan sistem.

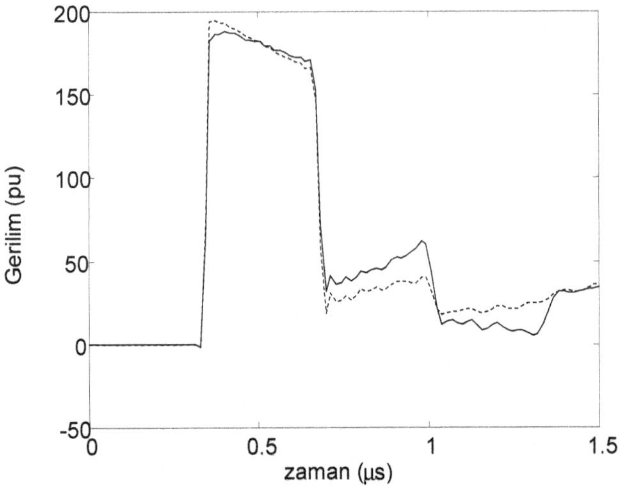

Şekil 8.29 Uniform olmayan hat modelinin hatsonu gerilimine etkisi.
— uniform olmayan model, --- uniform model.

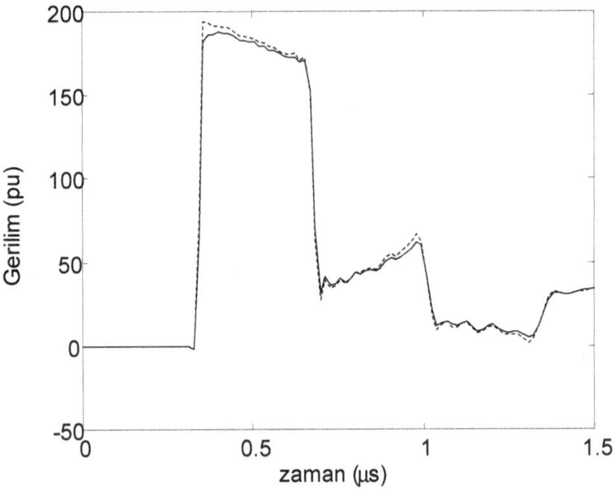

Şekil 8.30 Frekans bağımlılığın hatsonu gerilimine etkisi.
— frekans bağımlı model, --- frekans bağımsız model.

9. TARTIŞMA VE YORUMLAR

Enerji iletim hatlarında, geçici olaylar karşısında oluşan aşırı akım ve gerilimlerin bilinmesi, kesicilerin tasarımı, yalıtım derecesinin belirlenmesi ve sistem aygıtlarının korunması için gereklidir. Bu çalışmada iletim hatlarına yıldırım düşmesi durumunda meydana gelen geçici rejimler *s*-domeni formülasyonu kullanılarak analiz edilmiştir. İletim hattının frekans bağımlı parametreleri analize dahil edilmiş, modal dönüşüm tekniği kullanılarak frekans domeninde iletim hattının temel denklemleri çözülmüştür. Frekans domeninden zaman domenine geçmek için FILT kullanılmıştır. Elektrik direkleri uniform olmayan tek fazlı iletim hattı olarak modellenmiştir. Yıldırım analizi için hattın transpoze olmayan durumu kullanılmıştır. Direğin tepesindeki gerilim bulunmuş ve toprak iletkeninden geçen akım nedeniyle kuplajlıktan diğer fazlarda meydana gelen gerilimler hesaplanmıştır. Yapılan çalışmada, toprak iletkenli bir elektrik direğinin faz iletkenlerinin etkisi de dahil edilerek cevabının doğrudan bulunmasını sağlayan bir teknik önerilmiştir. Yıldırım düşmesi durumunda iletim sisteminin empedans formundaki Kuplaj Katsayı Matrisi (KKM) kavramı geliştirilmiştir. Bir iletim sisteminin KKM'sinin hesaplanması ile yıldırım analizinin kolaylıkla yapılabileceği gösterilmiştir.

Teorik çalışmalar temel alınarak bilgisayar programı hazırlanmış vc program sonuçları EMTP ile elde edilen sonuçlarla karşılaştırılmıştır. Sonuçların uyumlu olduğu tespit edilmiştir. Ayrıca EMTP'nin giriş bilgilerini direklerin yıldırım dalgası analizi için hazırlayan ve kullanıcıya kolaylık sağlayan ayrı bir program hazırlanmıştır. Hazırlanan bu programla EMTP ve s-domeni arabirimlenmiş ve yıldırım analizi için kolay bir çözüm adımı sunulmuştur.

Toprak iletkenli elektrik direğinin tepesine yıldırım düşmesi durumunda elektromanyetik yoldan indüklenme ve genelleştirilmiş durum için yıldırım analizi sonuçlarının birbirine yakın olduğu görülmüştür. Genelleştirilmiş tekniğin kullanılmasıyla faz iletkenlerine yıldırım düşmesi durumu da kolaylıkla analiz edilmiştir.

Hattın uniform olmayan yapısı analize doğrudan dahil edilmiştir. Hat parametrelerinin frekans bağımlı etkisi incelenmiştir. Frekans bağımlı hat parametrelerinin direğin tepe noktasındaki gerilimi etkilemediği görülmüştür. Buna karşın hattın alıcı bir ucundaki gerilim hesaplanarak hattın frekans bağımlı etkisinin yüksek olduğu görülmüştür. Frekans bağımlı durumda, frekans bağımsız duruma göre alıcı uçta daha düşük bir gerilim meydana gelmiştir.

Önerilen metodun daha karmaşık yapıdaki sistemlere uygulanabilir olduğunu göstermek için uygulamada değişik sistemler incelenmiştir. Bu çalışmada hesaplanan sonuçların EMTP ve deneysel çalışmalarla elde edilen sonuçlarla uyumlu olduğu görülmüştür.

Literatürde değişik karakteristik empedans formülleriyle verilen farklı yapıdaki direk modelleri analiz edilmiştir.

Yıldırım akım kaynağı, çift üssel ve rampa fonksiyonu şeklinde alınarak örneklere uygulanmıştır. Standart çift üssel fonksiyonu şeklindeki yıldırım akımının, yükselme zamanı daha kısa olan rampa fonksiyonu şeklindeki yıldırım akımına göre direğin tepesinde ve izolatörler üzerinde daha düşük bir gerilim meydana getirdiği görülmüştür. Özellikle uzun direklerde yükselme zamanı daha kısa olan rampa fonksiyonu şeklindeki yıldırım akımının uygulanması gerektiği sonucuna varılmıştır.

Çalışmanın metodu frekans bağımlı parametreleri doğrudan çözüme dahil etmesi nedeniyle, frekans bağımlı bir direk modeli analize kolaylıkla dahil edilebilir.

Yapılan analizler sonucunda değişik yapıdaki ve geometrideki elektrik direkleri ve iletim hatları için, yıldırımın direğin tepesine düşmesi durumunda izolatörler üzerinde meydana gelen aşırı gerilimler hesaplanmıştır. Yıldırım nedeniyle izolatör üzerinde meydana gelen aşırı gerilimin burada anlatılan yöntemle hesaplanması neticesinde uygun izolatör seçimi yapılabilecek ve elektrik kesintilerinin üstesinden gelinebilecektir.

Bu kitapta anlatılan çalışma konusunun devamı olarak araştırmacıların gelecekte yapması için tavsiye edilen çalışma konuları aşağıda verilmiştir;

1) Frekans bağımlı direk modeli geliştirilebilir.

2) Bir dikey iletkenin tepesine yıldırım düşmesi durumunda yakınında bulunan diğer bir dikey iletken üzerinde meydana gelen gerilim aralarındaki kuplajlıktan dolayı hesaplanabilir.

3) Parafudr gibi lineer olmayan elemanlar s-domeninde analiz edilebilir.

4) s-domeninde geri atlama (back-flashover) olayı analiz edilebilir.

KAYNAKLAR

1. Greenwood, A., 1991, Electrical Transients in Power Systems, John Wiley & Sons, Inc., New York.

2. Lucas, J.R., 1995, High Voltage Engineering, Published by University of Moratuwa, Sri Lanka.

3. Papadoupoulos, D.P., Hamed, M. and Bendekas, D.V., 1992. A practical concept for evaluating the insulation level in overhead lines, Journal of the Franklin Institute, Vol. 329, No. 2, pp. 273-281.

4. Peterson, H.A., 1939, An Electric Circuit Transient Analyzer, General Electric Review, p. 394.

5. Concordia, C., 1956, The transient network analyzer for electric power system problems, Supplement to CIGRE Committee, Report for 1956, No. 13.

6. Barthold, L.O. and Silva, R.F., 1960, Model techniques in the transient network analyzer solutions of power systems problems, Proc. American Power Conference, Vol. 22, p. 722.

7. Dommel, H.W., 1969, Digital computer solution of electromagnetic transients in single and multiphase networks, IEEE Transactions on Power Apparatus and Systems, Vol. PAS-88, No. 4, pp. 388-399.

8. Mcelroy, A.J. and Porter, R.M., 1963, Digital computer calculations of transients in electrical networks, IEEE Trans., PAS. 82, pp. 88-96.

9. Bickford, J.P. and Doepel, P.S., 1967, Calculation of switching transients with particular reference to line energization, Proc. IEE, Vol. 114, No. 4, pp. 465-477.

10. Bickford, J.P. and Abdel-Rahman, M.H., 1980, Application of travelling wave methods to the calculation of transient-fault currents and voltages in power-system networks, IEE PROC., Vol. 127, Pt. C, No. 3, pp. 153-168.

11. Barthold, L.O. and Carter, G.K., 1963, Digital travelling wave solutions, AIEE Trans., 80, Pt. IIE, pp. 812-820.

12. Wedepohl, L.M. and Mohamed, S.E.T., 1969, Multiconductor transmission line; theory of natural modes and Fourier integral applied to transient analysis, Proc IEE, Vol. 116, No. 9, pp. 1553-1563.

13. Bickford, J.P., Sanderson, J.V.H., Abdelsalem, M.M. and Mohamed, S.E.T., 1980, Developments in the calculations of waveforms and frequency spectra for transient fault currents and voltages, IEE PROC., Vol. 127, No. 3, pp. 145-152.

14. Ametani, A. and Imanishi, K., 1979, Development of exponential Fourier transform and its application to electrical transients, Proc. IEE, Vol. 126, No. 1, pp. 51-56.

15. Nagaoka, N. and Ametani A., 1988, A development of a generalized frequency-domain transient program-FTP, IEEE Transactions on Power Delivery, Vol. 3, No. 4, pp. 1996-2000.

16. Moreno, P., Rosa, R. and Naredo, J.L., 1991, Frequency domain computation of transmission line closing transients, IEEE Transactions on Power Delivery, Vol. 6, No. 1, pp. 275-281.

17. Saied, M.M. and Alfuhaid, A., 1985, Electromagnetic transients in a line-transformer cascade by numerical Laplace transform technique, IEEE Transactions on Power Apparatus and Systems, Vol. Pas-104, No. 10, pp. 2901-2909.

18. AlFuhaid, A.S. and Saied, M. M., 1988, A method for the computation of fault transients in transmission lines, IEEE Trans. On Power Delivery, vol. 3, no.1, pp. 288-297.

19. Saied, M.M., AlFuhaid, A.S. and El-Shandwily, M.E., 1990, s-Domain analysis of electromagnetic transients on nonuniform lines, IEEE Transactions on Power Delivery, Vol. 5, No. 4, pp. 2072-2083.

20. Qufi, E.A., AlFuhaid, A. S. and Saied, M.M., 1994, Transient analysis of lossless single-phase nonuniform transmission lines, IEEE Transactions on Power Delivery, Vol. 9, No. 3, pp. 1694-1700.

21. Saied, M.M., 1988, Effect of cable sections on the electromagnetic transients in power networks, Electric Machines and Power Systems. Vol. 15, pp. 17-35.

22. Ahmed, A., Johannet, P. and Auriol, Ph., 1992, Efficient inverse Laplace transform algorithm for transient overvoltage calculation, IEE Proceedings-C, Vol. 139, No. 2, pp. 117-121.

23. Bewley, L.V., 1933, Traveling Waves on Transmission Systems, John Wiley & Sons, New York.

24. Bergeron, L., 1949, Du coup de belier en hydrolique au coup de foudre en electricite dunod, Paris (Translation Version: Wiley, New York 1961).

25. Meyer, W.S., 1984, EMTP Rule Book (Mode 39), B.P.A.

26. Budner, A., 1970, Introduction of frequency dependent line parameters into an electromagnetic transients program, IEEE Trans., PAS-89, pp. 88-97.

27. Marti, J.R., 1982, Accurate modelling of frequency-dependent transmission lines in electromagnetic transient simulation, IEEE Transactions on Power Apparatus and Systems, Vol. PAS-101, No. 1, pp. 147-157.

28. Al-Ghuwainem, S.M., 1991, Time-domain modelling of frequency-dependent three-phase transmission line resistance, Electric Machines and Power Systems. Vol. 19, No. 1, pp. 115-124.

29. Semlyen, A. and Francisco, L., 1993, Computation of electro-magnetic transients using dual or multiple time steps, IEEE Transactions on Power Systems, Vol. 8, No. 3, pp. 1274-1280.

30. Falcao, D.M., Kaszkurewicz, E. and Almeida, H.L.S., 1993, Application of parallel processing techniques to the simulation of power system electromagnetic transients, IEEE Transactions on Power Systems, Vol. 8, No. 1, pp. 190-196.

31. Semlyen, A. and Iravani, M.R., 1993, Frequency domain modelling of external systems in an electromagnetic transients program, IEEE Transactions on Power Systems, Vol. 8, No. 2, pp. 527-533.

32. Soysal, A.O. and Semlyan, A., 1994, State equation approximation of transfer matrices and its application to the phase domain calculation of electromagnetic transients, IEEE Transactions on Power Systems, Vol. 9, No. 1, pp. 420-428.

33. Nelms, R.M., Sheble, G.B., Steven, R. and Grigsby, L. L., 1989, Using a personal computer to teach power system transients, IEEE Transactions on Power Systems, Vol. 4, No. 3, pp. 1293-1297.

34. Mamiş, M.S., 1992, Steady-state and transient analysis of transmission lines by using state-space techniques, A Master's Thesis, University of Gaziantep, Gaziantep, Turkiye.

35. Mamiş, M.S. ve Köksal M., 1995, İletim hatlarında yıldırım düşmesi durumunda meydana gelen geçici rejimlerin durum uzayı tekniği ile incelenmesi, Elektrik Mühendisliği Kongresi, Bursa, Cilt 1, s. 17-20.

36. Mamiş, M.S. and Köksal M., 1996, Some renovations in transient analysis of transmission lines by state-space techniques, Mathematical and Computational Applications, Vol. 1, No. 1, pp. 181-190.

37. Mamiş, M.S., 1997, Steady-state and transient analysis of multi-phase power transmission lines by using state-space techniques, Ph. D. Thesis, University of Gaziantep, Gaziantep, 158 p.

38. Mamiş M.S. and Köksal. M., 2001, Lightning surge analysis using nonuniform, single-phase line model, IEE Proc.-Gener. Transm. Distrib., Vol. 148, No. 1.

39. Mamiş, M.S. and Köksal, M., 1999, Computation of lightning overvoltages using nonuniform, single-phase line model. 3rd Int. Conference on Power Systems Transients IPST'99, June 20-24, Budapest, Hungary, pp. 405-409.

40. Mamiş, M.S. and Köksal, M., 1999, Transient analysis of nonuniform lossy transmission lines with frequency dependent parameters, Electric Power Systems Research, vol. 52, no. 3, Nov. , pp. 223-238.

41. Mamiş, M.S. and Köksal, M., 1997, İletim hatları geçici rejimlerinin hızlı ters Laplace dönüşümü ile analizi, cilt 2, Elektrik-Elektronik-Bilgisayar Mühendisliği 7. Ulusal Kongresi, s. 583-586, ODTÜ, Ankara, 8-14 Eylül.

42. Mamiş, M.S. and Köksal, M., 1997, Frekans bağımlı iletim hatları için toplu parametreli bir model, Elektrik-Elektronik-Bilgisayar Mühendisliği 7. Ulusal Kongresi, cilt 2 s. 587-590, ODTÜ, Ankara, 8-14 Eylül.

43. Kaygusuz, A., Mamiş, M.S. ve Akın, E., 2002, İletim hatlarında oluşan yıldırım aşırı gerilimlerinin s-domeninde analizi, TOK'2002, Ankara.

44. Kaygusuz, A., Mamiş, M.S. and Akın, E., 2002, s-Domain analysis of lightning surges on transmission towers', First International Conference on Technical and Physical Problems in Power Engineering (TPE), Baku, Azerbaijan, 23-25 April, pp 91-94.

45. Kaygusuz, A., Mamiş, M.S. ve Akın, E., 2003, İletim direklerinde oluşan yıldırım aşırı gerilimlerinin Laplace dönüşümü ile analizi, Sakarya Üniversitesi, Fen Bilimleri Enstitüsü Dergisi, Adapazarı / SAKARYA.

46. Kaygusuz A., Mamiş M.S. ve Akın E., s-domain analysis of lightning surge response of a transmission tower with phase conductors, Int. Conference on Power Systems Transients IPST'03, New Orleans, pp 1-6, September 28 - October 2, 2003.

47. Akçin, M., 2002, Enerji iletim sistemlerinde yıldırım geçici rejimlerinin incelenmesi, Yüksek Lisans Tezi, İnönü Üniversitesi FBE.

48. Hosono, T., 1981, Numerical inversion of Laplace-transform and some applications to wave optics, Radio Science, Vol. 16, pp. 1015-1019.

49. Wagner, C. F. and Hileman, A. R., 1960, A new approach to the calculation of the lightning performance of transmission lines III-A simplified method: stroke to tower, IEEE TRANS., PAS-79, pp. 589-603.

50. Sargent, M. and Darveniza, M., 1969, Tower surge impedance, IEEE Trans., PAS-88, (5), pp. 680-687.

51. Kawai, M., 1964, Studies of the surge response on a transmission line tower, IEEE Trans., PAS-83, pp. 30-34.

52. Chisholm, W.A., Chow, Y.L. and Strivastava, K.D. 1983, Lightning surge response of transmission towers, IEEE Trans., PAS-102, (8), pp. 3232-3242.

53. Chisholm, W.A., Chow, Y.L. and Strivastava, K.D., 1985, Travel Time of Transmission Towers, IEEE Transaction on Power Apparatus and Systems, PAS-104, (10), pp. 2922-2928.

54. Ishii, M et al., 1991, Multistory transmission tower model for lightning surge analysis, IEEE Trans. On Power Del., vol. 6, no. 3, pp. 1327-1335.

55. Yamada, T. ct al., 1995, Experimental evaluation of a UHV tower model for lightning surge analysis. IEEE Transactions on Power Delivery, Vol. 10, No. 1, pp. 393-402.

56. Almeida, M.E. and Correia De Barros, M.T., 1994, Tower modelling for lightning surge analysis using Electro-Magnetic Transient Program, IEE Proc.-Gener, Transm. Distrib., Vol. 141, No.6.

57. Correia De Barros, M.T., 1985, Efeito coroa em linhas de transporte de energia (Portekizce), Doctor's degree thesis, IST-Technical University of Lisbon.

58. Correia De Barros, M.T. and Borges De Silva, J.F., 1984, A nonlinear propagation algorithm for transmission lines, Proceeding of 8th Power System Computation Conference, Butterworths, pp. 772-776.

59. Dubé, L. et al., 1993, Using the simulation language 'MODELS' with EMTP, Proceeding of Eleventh Power System Computation Conference, Avignon, pp. 1063-1069.

60. Burke, G. J. et al., 1980, Numerical electromagnetic code (NEC), Technical Document 116, Naval Ocean System Center, San Diego.

61. Ishii, M. and Baba, Y., 1997, Numerical electromagnetic field analysis of tower surge response, IEEE Trans. On Power Del., vol. 12, no. 1, pp. 483-488.

62. Baba, Y. and Ishii, M., 1999, Numerical electromagnetic field analysis on measuring methods of tower surge impedance, IEEE Trans. On Power Delivery, vol. 14, no.2, pp. 630-635.

63. Baba, Y. and Ishii, M., 2000, Numerical electromagnetic field analysis on lightning surge response of tower with shield wire, IEEE Trans. On Power Delivery, vol. 15, no.3, pp. 1010-1015.

64. Baba, Y. and Ishii, M., 2001, Numerical electromagnetic field analysis of lightning current in tall structures, IEEE Trans. On Power Delivery, vol. 16, no.2, pp. 324-328.

65. Hara, N. and Yamamoto, O., 1996, Modelling of a transmission tower for lightning surge analysis, IEE Proc.-Gener, Transm. Distrib., Vol. 143, No.3.

66. Carson, J.R., 1926. Wave propagation in overhead wires with ground return, Bell System Tech. Journal, vol. 5, pp. 539-554.

67. Deri, A. et al., 1981, The complex ground return plane, a simplified model for homogeneous and multi-layer earth return, IEEE Transactions on Power Apparatus and Systems, Vol. PAS-100, No. 8, pp. 3686-3693.

68. Dommel, H.W., 1985, Overhead line parameters from handbook formulas and computer programs, IEEE Transactions on Power Apparatus and Systems, Vol. PAS-104, No. 2, pp. 366-372.

69. Karrenbauer H., 1967, Propagation of travelling waves on overhead lines for various tower configurations and its effects on the shape line faults, Doktora Tezi, Münih (Almanca).

70. Alfuhaid, A.S., Oufi, E.A. and Saied, M.M., 1998, Application of nonuniform-line theory to the simulation of electromagnetic transients in power systems, Electrical Power & Energy Systems, 20, (3) pp. 225-233.

71. Nguyen, H.V., Dommel, H.W. and Marti, J. R., 1997, Modelling of single-phase nonuniform transmission lines in electromagnetic transient simulations, IEEE Trans., PWRD-12, (2), pp. 916-921.

72. Menemenlis, C. and Chun, Z.T., 1982, Wave propagation on nonuniform lines, IEEE Trans., PAS-10, 1 (4), pp. 833-839.

73. Gutiérrez R, J.A., Moreno, P., Naredo, J.L. and Guardado, L., 2001, Non Uniform Line Tower Model For Lightning Transient Studies, 4th Int. Conference on Power Systems Transients, IPST'01, Brazil.

74. MathWorks, 1998, MATLAB User's Guide, Natick, MA, USA.

75. Dengiz, H.H., 1991, Enerji Hatları Mühendisliği, Kardeş Kitabevi Yay. No.2, Ankara.

76. Anderson, J.G., 1975, Transmission line reference book 345 kV and above (Lightning performance of transmission lines), EPRI, USA, 2nd edn..

77. Anderson, R.B. and Eriksson, A.J., 1979, Lightning Parameters for Engineering Applications, Pretoria, South Africa: CSIR, Report ELEK 120.

78. Eriksson, A.J., Stringfellow, M.F. and Meal, D.V., 1982, Lightning Induced Overvoltages on Overhead Distribution Lines, Trans. IEEE, Vol. PAS-101, pp. 960-968.

79. Griscom, S.B., 1958, The Prestrike Theory and Other Effects in the Lightning Strokc, Trans. IEE, Vol 77, p. 919.

80. IEEE Working Group on Lightning Performance of Transmission Lines, 1985, A simple method for estimating lightning performance of transmission lines, Trans. IEEE, Vol. PAS-104, pp.919-932.

81. IEEE Working Group on Lightning Performance of Transmission Lines, 1986, IEEE guide for improving the lightning performance of transmission lines, Proposed IEEE, P1243 draft.

82. Uman, M.A., 1987, The Lightning Discharge, Academic press, London, New York and San Fransisco.

83. Master, M.J. and Uman, M.A., 1984, Lightning induced voltages on power lines theory, IEEE Transactions on Power Aparatus and Systems, Vol. PAS-013, No. 9, p. 2502-2518.

84. Ozkaya, M., 1996, Yüksek Gerilim Tekniği, Birsen Yayınevi, Cilt 2, İstanbul.

85. Ozkaya, M., 1979, Yüksek Gerilim Tekniğinde Deşarj Olayları, İ.T.Ü Kütüphanesi, Sayı 1152, İstanbul.

86. Popalansky, F., 1972, Frequency distribution of amplitudes of lightning currents, Electra, No. 22, pp. 139-147.

87. Simpson, G.B. and Scrase, F.J., 1937, The distribution of electricity in thunderclouds, Proc. Royal Soc., Series A, Vol. 161, p. 309.

88. Stevenson, D.W., 1982, Elements of Power System Analysis, McGraw-Hill Inc.

89. Ueda, T. et al., 2000, A comparison between two tower models for lightning surge analysis of 77 kV system, IEEE Trans. On Power Delivery.

90. Uram, K. and Miller, R. W., 1964, Mathematical analysis and solution of transmission line transients: I-Theory. IEEE Transactions on Power Aparatus and Systems, pp.1116-1123.

91. Guile, A.E. and Paterson, W., 1977, Electrical Power Systems, Volume-2, Pergamon Press Inc., Elnsford, U.K.

92. Dommel, H.W., 1992, Transient analysis program reference manual, 2nd edn., Microtran Power System Analysis Corporation, Vancouver, Canada.

93. Guile, A.E. and Paterson, W., 1982. Electrical Power Systems Volume-1, Pergamon Press Inc., Oxford, England (2nd edn.).

94. Mozumi, T., Baba, Y., Ishii, M., Nagaoka N. and Ametani, A., 2003, Numerical electromagnetic field analysis of archorn voltages during a back-flashover on a 500-kV twin-circuit line, IEEE Trans. On Power Delivery, vol. 18, no. 1, pp. 207-213.

95. Semlyen A., 2003, Some frequency domain aspects of wave propagation on nonuniform lines, IEEE Trans. On Power Delivery, vol. 18, no. 1, pp. 315-322.

96. Ong, C., 1998, Dynamic simulation of electric machinery using MATLAB/ Simulink, Prentice Hall Ptr, Upper Saddle River, New Jersey 07458.

97. Bronson, R., 1989, Theory and Problems of Matrix Operations, Schaum's Outline Series, McGraw-Hill Book Company, Singapore.

98. Nagaoka, N., 1991, A development of frequency-dependent tower model, (Japonca), Trans. IEE Japan, vol.111-B, no. 1, pp. 51-56.

99. Motoyama, H. et al., 1998, Observation and analysis of multiphase back flashover on the Okushishiku test transmission line caused by winter lightning, IEEE Trans. On Power Delivery, vol.13, no.4, pp. 1391-1398.

100. Kato, S. et al., 1995, Transmission line models of tower in frequency domain, Trans. IEE Japan, vol.115-B, no. 5, pp. 524-531.

101. Bickford, J.P., Mullineux, N. and Reed, J.R., 1976, Computation of Power System Transients, IEE Monograph Series, Peter Peregrinus, England.

102. Ito T., Ueda T., Watanabe H., Funabashi T. and Ametani, A., 2003, Lightning flashovers on 77-kV systems: Observed voltage bias effects and analysis, IEEE Trans. On Power Delivery, vol. 18, no. 2, pp. 545-550.

103. Çakır, H., 1989, Enerji İletimi (Elektrik Hesaplar), Yıldız Üniversitesi Yayın No:180.

104. Kaygusuz A., Mamiş S., Akin E., s-Domain analysis of lightning surges in three-phase systems using non-uniform single-phase line model, Electrical Engineering, 87 (5): 253-259 JUL 2005.

EK-1. MODAL DÖNÜŞÜM TEKNİĞİ

Çok fazlı bir iletim hattının herhangi bir noktasındaki akım (I) ve gerilim (V) ilişkisini veren frekans domenindeki temel denklemi aşağıdaki gibi yazılır:

$$-\frac{dV}{dx} = ZI, \qquad \text{(Ek1.1)}$$

$$-\frac{dI}{dx} = YV. \qquad \text{(Ek1.2)}$$

Burada Z ve Y hattın birim uzunluktaki seri empedansı ve şönt admitansıdır. (Ek1.1) ve (Ek1.2) eşitlikleri x'e göre diferansiyel denklem olarak aşağıdaki gibi yazılabilir,

$$\frac{d^2V}{dx^2} = ZYV, \qquad \text{(Ek1.3)}$$

$$\frac{d^2I}{dx^2} = YZI. \qquad \text{(Ek1.4)}$$

Özel durumlar hariç ZY ve YZ matris çarpımları biribirine eşit değildir. Bu diferansiyel denklemler kuplajlıktan dolayı çözümü zor olmaktadır. Bu yüzden (Ek1.3) ve (Ek1.4) eşitliklerini ayrıştırmak için '*modal*' dönüşüm tekniği kullanılır. Modal formdaki faz gerilimleri M_v gibi uygun bir dönüşüm matrisi kullanılarak aşağıdaki şekilde yazılabilir,

$$V=M_vV_{mod}, \; V_{mod}=M_v^{-1}V \qquad \text{(Ek1.5)}$$

(Ek1.3) eşitliğinde bu dönüşüm yazılırsa,

$$\frac{d^2V_{mod}}{dx^2} = M_V^{-1}ZYM_V V_{mod} = \Lambda V_{mod} \qquad \text{(Ek1.6)}$$

elde edilir. Burada $M_v^{-1}ZYT_v = \Lambda$ köşegen matris halindedir. Bu köşegenleştirme işlemi matris cebrinde tanımlandığı gibi; Λ, ZY çarpımının özdeğeri ve M_v ise aynı matris çarpımının özvektörüdür. Akım vektörü için de (Ek1.4) eşitliği köşegenleştirilir ve aynı Λ köşegen matrisi ile benzer işlemler yapıldığında,

$$\frac{d^2I_{mod}}{dx^2} = M_i^{-1}YZM_i I_{mod} = \Lambda I_{mod}, \qquad \text{(Ek1.7)}$$

bulunur. Akım vektörünü ifade etmek için ise M_i dönüşüm matrisi kullanılmıştır ve

$$I = M_i I_{mod} \;, \quad I_{mod} = M_i^{-1} I \qquad \text{(Ek1.8)}$$

şeklinde bulunmuştur. Bu iki dönüşüm matrisi arasında aşağıdaki ilişki bulunmaktadır;

$$M_i^T = M_V^{-1}. \qquad \text{(Ek1.9)}$$

(Ek1.6) ve (Ek1.7) eşitlikleri köşegenleştirme işleminden sonra, m-fazlı bir iletim hattı *m* tane tek fazlı iletim hattına dönüştürülmüştür. Modal seri empedans ve şönt admitans ifadeleri köşegen formda aşağıdaki gibi yazılabilir:

$$Z_{mod} = M_V^{-1} Z M_i, \qquad \text{(Ek1.10a)}$$

$$Y_{mod} = M_i^{-1} Y M_V. \qquad \text{(Ek1.10b)}$$

Ymod 'un gerçel kısmı sıfır ise, yani saf sanal kısmı mevcutsa şönt kapasite ile modellenir.

Tam transpoze edilmiş bir iletim hattı için $M_i = M_v$ 'dir ve bu durumda uygun bir dönüşüm matrisi M üç sütün vektörü $ZY = YZ$ ' nin özvektörü ile orantılıdır ve aşağıdaki gibi yazılabilir:

$$M = \begin{bmatrix} 1 & 1 & 0 \\ 1 & 0 & 1 \\ 1 & -1 & -1 \end{bmatrix}. \qquad \text{(Ek1.11)}$$

(Ek1.11) denklemindeki dönüşüm matrisi tek değildir.

YAZARIN ÖZGEÇMİŞ VE ESERLERİ

01.07.1970 tarihinde Malatya'nın Konak kasabasında doğdu. 1987 yılında Elektrik Mühendisliği Bölümünü kazandı. 1991 yılında Yıldız Üniversitesi'nden Elektrik Mühendisliği Lisansıyla mezun oldu. 1993 yılında İnönü Üniversitesi Elektrik-Elektronik Mühendisliği Bölümü'nde Araştırma Görevlisi olarak çalışmaya başladı. Aynı üniversitede Elektrik-Elektronik Anabilim Dalı'nda 1997 yılında Yüksek Lisans öğrenimini bitirdi. 1999-2003 yılları arasında Fırat Üniversitesi Elektrik-Elektronik Anabilim Dalı'nda doktora öğrenimini bitirdi. 2009 yılında yardımcı doçent oldu. 2014 yılında doçent olan Kaygusuz İnönü Üniversitesinde çalışmalarına devam etmektedir. Ulusal ve uluslararası birçok yayını olan yazar, ulusal ve uluslararası birçok dergide editörlük ve hakemlik yapmaktadır. Akıllı Şebekeler, Enerji Yönetimi ve Fiyatlama, Yenilenebilir Enerji Kaynakları, Elektrik Makinaları ve Kontrolü, Yıldırım Aşırı Gerilimleri, Güç Sistemlerinde Geçici Olaylar. Evli ve 4 çocuk babasıdır.

Yazarın seçilmiş yayınları:

1. B.B. Alagoz, A. Kaygusuz, M. Akcin, S. Alagoz, A closed-loop energy price controlling method for real-time energy balancing in a smart grid energy market, Energy, Volume 59, pp:95-104, 15 September 2013.
2. A. Kaygusuz, C. Keles, B.B. Alagoz, A. Karabiber, Renewable Energy Integration for Smart Sites, Energy and Buildings, Vol:64, pp:456-462, September 2013.
3. A. Karabiber, C. Keles, A. Kaygusuz, B. Baykant Alagoz, An approach for the integration of renewable distributed generation in hybrid DC/AC microgrids, Renewable Energy, Volume 52, Issue 1, Pages:251–259, April 2013.
4. B.B. Alagoz, A. Kaygusuz, A. Karabiber, A user-mode distributed energy management architecture for smart grid applications, Energy, Volume 44, Issue 1, Pages:167 177, August 2012.

5. Mamiş M. S., Kaygusuz A., Köksal M., State Variable Distributed-Parameter Representation of Transmission Line for Transient Simulations, Turk J Elec Eng & Comp Sci, Vol.18, No.1, pp. 31-42, 2010.
6. Kaygusuz A., Mamiş S., Akin E., s-Domain analysis of lightning surges in three-phase systems using non-uniform single-phase line model, Electrical Engineering, 87 (5): 253-259 JUL 2005.
7. A. Kaygusuz, B.B. Alagoz, M. Akcin, C. Keles, A. Karabiber, O. Gul, Monte Carlo Simulation-Based Planning Method for Overload Safe Electrical Power System, Journal of Electrical Engineering, Vol 14, Edition 1, p. 355-362, 2014.
8. C. Keles, A. Kaygusuz, Damping Inter-Area Oscillations in Power Systems Using a CDM-based PID Controller, Journal of Electrical Engineering, Vol 14, Edition 1, p. 328-335, 2014.
9. Cemal Keles, Abdulkerim Karabiber, Murat Akcin, Asim Kaygusuz, Baris Baykant Alagoz, Ozan Gul, A smart building power management concept: Smart socket applications with DC distribution, International Journal of Electrical Power & Energy Systems, Volume 64, January 2015, Pages 679-688.
10. Cemal Keles, B. Baykant Alagoz, Murat Akcin, Asim Kaygusuz, Abdulkerim Karabiber, A Photovoltaic System Model For Matlab/Simulink Simulations, 4th International Conference on Power Engineering, Energy and Electrical Drives, POWERENG'13, 13-17 May 2013, Istanbul, Turkey.
11. Kaygusuz A., Mamiş M.S. ve Akın E., s-domain analysis of lightning surge response of a transmission tower with phase conductors, Int. Conference on Power Systems Transients IPST'03, New Orleans, pp 1-6, September 28 - October 2, 2003.
12. Kaygusuz A., Mamiş M.S. , Akın E., s-domain analysis of lightning surges on transmission towers, TPE-2002, The first International Conference on Technical and Physical Problems in Power Engineering, Baku - Azerbaijan Republic, pp 91-94, 23-25 April 2002.

13. Murat Akçin, B. Baykant Alagöz, Cemal Keleş, Abdulkerim Karabiber, Asım Kaygusuz, Dağıtık kontrol ile akıllı şebekelerde geniş-alan yönetimi ve geleceğe dönük projeksiyonlar, SAÜ. Fen Bil. Der. 17. Cilt, 3. Sayı, s. 457-470, 2013.
14. Asım Kaygusuz, Ozan Gül, Barış Baykant Alagöz, Yenilenebilir Dağınık Üretim Koşullarının Güç Sistemleri Yük Akış Kararlılığına Etkilerinin Analizi, EMO Bilimsel Dergi, Elektrik, Elektronik, Bilgisayar, Biyomedikal Mühendisliği Bilimsel Dergi, Cilt 2, Sayı 4, syf. 77-85, Aralık 2012.
15. Kaygusuz A., Mamiş M. S. ve Akın E., İletim direklerinde oluşan yıldırım aşırı gerilimlerinin Laplace dönüşümü ile analizi, Sakarya Üniversitesi, Fen Bilimleri Enstitüsü Dergisi, Cilt 7, Sayı 1, syf. 82-86, Mart, 2003.

Yazarın bu yayınları haricinde ulusal toplantılarda sunulmuş 23 adet bildirisi mevcuttur.

FSC
www.fsc.org
MIX
Papier | Fördert
gute Waldnutzung
FSC® C083411

Kolibri 360 GmbH
Ferdinand-Jühlke-Straße 7
99095 Erfurt, Deutschland
produktsicherheit@kolibri360.de

Druck:
CPI Druckdienstleistungen GmbH
im Auftrag der
Kolibri 360 GmbH
Ferdinand-Jühlke-Str. 7
99095 Erfurt